高 等 学 校 教 材

U0247873

机械制造
工程训练 下册

主编 罗丽萍 郭烈恩

Mechanical Manufacturing
Engineering Training

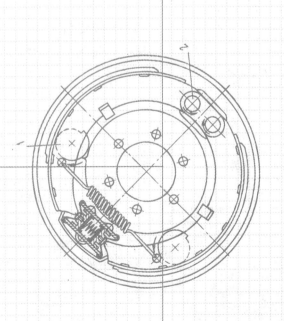

高等教育出版社·北京

内容提要

　　本书是《机械制造工程训练》下册,即机械制造工程训练指导,共分 12 章,主要是以零件各种加工工艺方法中的各个训练项目为实训单元,介绍实训的目的要求,训练内容与材料,实训所用设备及工具、夹具、量具,实训步骤、方法和安全操作规程等,直接指导学生自主完成各项训练项目。

　　本书主要作为高等工科院校机械类和近机械类机械制造工程训练用教材,非机械类各专业可根据专业特点和教学条件,有针对地选择其中的训练内容组织教学,本书还可以作为相关工程技术人员和技工的自学参考书。

图书在版编目（C I P）数据

机械制造工程训练. 下册／罗丽萍,郭烈恩主编
. ── 北京:高等教育出版社,2017.9
ISBN 978-7-04-048175-4

Ⅰ.①机…　Ⅱ.①罗…　②郭…　Ⅲ.①机械制造工艺
－教材　Ⅳ.①TH16

中国版本图书馆 CIP 数据核字(2017)第 176839 号

策划编辑	卢　广	责任编辑	沈志强	封面设计	赵　阳	版式设计	马　云
插图绘制	杜晓丹	责任校对	王　雨	责任印制	毛斯璐		

出版发行	高等教育出版社	网　　址	http://www.hep.edu.cn
社　　址	北京市西城区德外大街 4 号		http://www.hep.com.cn
邮政编码	100120	网上订购	http://www.hepmall.com.cn
印　　刷	三河市华骏印务包装有限公司		http://www.hepmall.com
开　　本	787mm×960mm　1/16		http://www.hepmall.cn
印　　张	7		
字　　数	120 千字	版　　次	2017 年 9 月第 1 版
购书热线	010-58581118	印　　次	2017 年 9 月第 1 次印刷
咨询电话	400-810-0598	定　　价	13.60 元

 **前言**

· ·

　　机械制造工程训练是工科高等院校对学生进行工程训练的重要环节之一，是一门传授机械制造基础知识和技能的实践性很强的技术基础课。本书是学生进行机械制造工程训练的主教材，主要介绍零件的成形方法和加工方法，毛坯制造和零件加工的一般工艺过程，所用设备的构造、工作原理和使用方法，所用材料、工具、附件与刀具及安全技术等，以零件各种加工工艺方法中的各个训练项目为实训单元对学生进行训练。通过机械制造工程训练使学生对典型工业产品的结构、制造过程有一个基本的体验和认识；对各主要的制造加工方法、设备、工艺等有一定的了解；培养学生的基本操作技能，增强工程实践能力，提高工程素质，培养创新意识和创新能力，为后续课程的学习以及为将来从事有关工作奠定良好的基础。

　　本书是为适应现代机械制造工业发展，结合金工系列课程改革与工程训练教学基地建设，根据教育部制定的《机械工程训练教学基本要求》，并吸取借鉴各校机械工程训练教学改革成果的基础上编写的。

　　编写教材时，精减和完善了基本制造技术训练内容，增强了非金属材料成形技术、现代制造技术和现代测量技术的训练内容；注重突出了实践性、启发性、科学性和先进性，做到基本概念清晰，重点突出，简明扼要，形象生动；不仅注重学生观察现象，发现问题，获取知识，独立分析问题和解决问题能力的培养，而且注重学生工程实践能力、工程素质和创新思维能力的提高。

　　本书是《机械制造工程训练》教材下册，共分12章，主要是以零件各种加工工艺方法中的各个训练项目为实训单元介绍训练的目的要求、训练内容与材料、实训所用设备及工具、夹具、量具、实训步骤及方法和安全操作规程，直接指导学生自主完成各项训练项目。

　　本书由南昌大学工程训练中心组织编写，由罗丽萍、郭烈恩担任主编，朱政强、朱金平、宋心鑫担任副主编。编写分工如下：郭烈恩（绪论），李学文（第3章），熊新根（第12章），占多产（第1.1节），徐明发（第2章），邓国华（第4章），罗丽萍（第6、7章），宋心鑫（第8章），王官明（第9章），朱金平（第10章），钟雪华（第11章），孙江（第1.2节），邹发金、汪灶炎（第5章）。

　　本书由清华大学傅水根教授审阅，在此致以衷心感谢。

　　全书采用的参考文献列于书后并对文献的作者致以谢意。

　　由于编者水平有限，书中难免存在不妥或错误之处，恳请读者批评指正。

编　者

2017 年 4 月

目录

机械制造工程训练概论

0.1　机械制造工程训练的内容

机械制造训练的基本内容是机械制造中的一般加工方法及其常用设备、工夹量具的操作方法和初步的工艺知识。

机械制造的一般过程如图 0.1 所示。

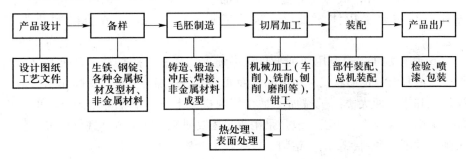

图 0.1　机械制造的一般过程

现将机械制造过程中的主要加工方法简述如下:

① 铸造　是指熔炼金属，制造铸型，并将熔融金属浇入与零件形状相适应的铸型型腔中，待其冷却凝固后，获得零件或毛坯的方法。铸造属于金属在液态下流动成形的方法，因而铸造突出的优点是可以生产各种复杂形状的零件毛坯，特别是具有复杂内腔的零件毛坯，如机床床身、发动机气缸体、各种支架、箱体等，此外，铸件成本低廉，因此，铸造是应用广泛获得零件毛坯最重

要的方法之一。在现代各种类型的机器设备中铸件所占的比重很大，在机床、内燃机中，铸件占机器总重的70%～80%，农业机械占40%～70%，拖拉机占50%～70%。

② 锻造　是利用冲击力或压力使加热后的金属坯料产生塑性变形，从而获得零件毛坯的又一重要加工方法。锻造属于金属在固态下流动成形的方法，因而锻件结构的复杂程度往往不及铸件。但是，锻造时锻件产生了塑性变形，金属经塑性变形后晶粒得到细化，铸造组织内部的缺陷被压合．金属的力学性能得到了提高。因此，各种机械中的传动零件和承受重载及复杂载荷的零件大都采用锻件，如机器的主轴、重要齿轮等。

③ 冲压　是利用冲床和专用模具，使金属板料产生塑性变形或分离，从而获得制件的加工方法。冲压通常在常温下进行。冲压件具有重量轻，刚性好，尺寸精度高等优点，在很多情况下冲压件可直接作为零件使用。各种机械和仪器、仪表中的薄板成形件以及生活用品中的金属制品，绝大多数都是冲压件。

④ 焊接　是利用加热或加压，或两者兼用，使两块分离的金属件通过原子间的结合和扩散作用，形成永久性连接的一种加工方法。除制造零件毛坯外，焊接更多地用于制造各种工程构件，如锅炉、容器、机架、桥梁、船体、房架等。

⑤ 非金属材料成形　非金属材料的成形方法因材料的种类不同而异。工程塑料主要采用注塑成形、吹塑成形、挤出成形、真空吸塑成形等工艺。

⑥ 切削加工　是利用切削工具从毛坯上切去多余的材料，以获得符合图纸要求的具有一定形状尺寸精度和表面质量零件的加工方法。切削加工包括机械加工和钳工两大类。机械加工是在切削机床上进行的，常用的有车削、铣削、磨削、镗削等。钳工一般是采用手工工具对毛坯或半成品进行加工，包括锯削、锉削、刮削、錾削、钻削、攻螺纹、套螺纹等。

⑦ 特种加工　是指利用电能、光能、电化学能、化学能、声能或与机械能的结合等形式将工件上多余的金属去除以获得所需形状、尺寸精度和表面质量零件的加工方法。主要用于加工难加工材料（高强度、高硬度、高脆性、高韧性、耐高温和工业陶瓷、磁性材料等）以及精密、微细、形状复杂零件的加工。在模具、量具、刀具、仪器仪表、飞机、航天器和微电子元器件等制造中得到越来越广泛的应用。

⑧ 热处理　上述各种加工方法都是以材料的成形为主要目的或唯一目的。热处理则以改变金属材料的性能为目的，热处理是将毛坯或半成品放在一定的

介质内加热、保温和冷却，通过改变材料内部或表面组织结构改变金属材料性能的一种工艺方法。通过热处理可以消除缺陷，改善金属材料的加工工艺性能，为后续工序作组织准备，更重要的是热处理能显著提高金属材料的力学性能，充分发挥金属材料的性能潜力，满足不同的使用要求或加工要求。重要的机械零件在制造过程中大都要经过热处理，各种工具百分之百要经过热处理，因此，热处理在机械制造工业中占有十分重要地位。

⑨ 装配　是将加工好的零件按一定顺序和配合关系组装成部件和整机的工艺过程。装配后，经调试、上漆及最终检验合格，即成机电产品。

根据教育部制订的《机械工程训练教学基本要求》，机械工程训练主要内容有：铸造、锻压、焊接、车工、铣工、磨工、钳工、数控加工、特种加工及快速成形技术等其他先进制造技术。

0.2　机械制造工程训练课程的目的与要求

0.2.1　机械制造训练课程的目的

机械制造训练是一门必修的技术基础课，通过工程训练，使学生初步接触机械制造生产实际，学习机械制造工艺知识，增强工程实践能力，提高综合素质，培养创新精神和创新能力，为后续课程的学习及今后从事与机械相关的工作奠定较为扎实的基础。

0.2.2　要求

① 了解机械制造的一般过程，熟悉机械零件的常用加工方法及其所用主要设备的工作原理、典型结构、工夹量具的使用以及安全操作技术，了解机械制造工艺知识和一些新工艺、新技术在机械制造中的应用。

② 对简单零件初步具有选择加工方法和进行工艺分析的能力，在主要工种上应具有独立完成简单零件加工制造的实践能力。

③ 在劳动观点、质量意识、安全意识和经济观念、理论联系实际、科学作风、团队合作精神、环境意识和管理能力等工程技术人员应具有的基本素质方面受到培养和锻炼。

0.3 学生训练守则

0.3.1 安全制度

① 学生在实训期间必须遵守"中心"的安全制度和各工种的安全操作规程，一切行动听指挥，严禁做与实习无关的事（关闭通信工具）。

② 实训前应穿好工作服，不准穿裙子、拖鞋、高跟鞋进中心实训场所。头发过耳者必须戴工作帽方可上机操作。

③ 实训时必须按各工种要求戴防护用品，如手工电弧焊时必须戴面罩、浇注时应戴手套等。

④ 不准违章操作。未经允许，不准启动、扳动任何机床、设备、电器等。

⑤ 不准攀登任何设备，不准在车间内追逐、打闹、喧哗以及聚众聊天。

⑥ 操作时必须单人单机操作，集中精神。

⑦ 如发生问题，首先要切断电源，进行必要的救助，同时保持现场，并立即报告教师。

⑧ 对违反上述规定者，视其情节轻重，中心可令其暂停实习，并报学生所在院系。

0.3.2 组织纪律

① 严格遵守劳动纪律，每人只能在指定的设备或岗位上操作，不得窜岗、窜位，或代人操作完成实习任务，也不得擅自离开实训场所。

② 实训期间学生无故不参加实习者，按旷课论处。旷课达一天以上者，实训总成绩按不及格处理。

③ 实训期间一般不准请事假，特殊情况需请事假（必须由学生本人到中心办理），要经学校教务处批准，并经实习指导教师确认后方可离开。病假要持校医院证明及时请假，特殊情况（包括在校外生病）必须尽早补交正式的证明。所缺实训内容，由学生与中心协商另找时间补上。

④ 不得迟到、早退。对迟到、早退者，该工种重修。

⑤ 学生实训期间一般不准会客，如遇特殊情况，15 分钟内可向实习指导

教师请假，超过 15 分钟按事假处理。

⑥ 学生的考勤由实习教师记入学生实习卡，并与其他资料一并交由中心存档。

0.3.3 其他

① 凡是实习指导教师布置的任务要认真完成。数控实习时，需带笔记本作好笔记。

② 必须按时完成实习报告，及时交给中心。凡不做实习报告或未按要求完成的，不予评定实训总成绩。

③ 人为损坏中心财物者除照价赔偿外，并通报学生所在院系。

④ 铸造实习必须自带鞋套。

⑤ 不允许在中心及其四周吃食品。

第1章 铸造及塑性成形

· ·

1.1 铸　　造

▶ 1.1.1　实训目的与要求

1. 基本知识

① 了解型砂、芯砂应具备的主要性能及其组成；

② 了解铸型的结构；

③ 了解型芯的作用、制作方法；

④ 熟悉铸件分型面的选择，掌握手工两箱造型（整模、分模、挖砂、活块等）特点及应用，了解机器造型的特点及造型机的结构和工作原理；

⑤ 了解浇注系统的组成及作用；

⑥ 了解熔炼设备；

⑦ 了解铸件的落砂和清理，了解常见铸造缺陷及其产生原因；

⑧ 熟悉铸造生产安全技术。

2. 基本技能

① 掌握手工两箱造型的操作技能，并能对铸件进行初步工艺分析；

② 熟悉手工两箱造型工艺过程（含整模、分模、活块、挖砂造型等方法）。

1.1.2　实训内容与材料

1. 实训内容

① 手工两箱造型（含整模、分模、活块、挖砂造型）；

② 浇注清理。

2. 实训材料

① 造型材料：原砂（山砂或河砂）、黏土、植物油、煤粉等；

② 合金熔炼材料：ZL – 102 铝硅合金锭、结晶硅、氯化钾或氯化钠、六氯乙烷或氯化锌、氟化钠等。

1.1.3　实训所用设备及工夹量具

1. 仪器设备

RRQ – 40 – 9 坩埚电阻炉，温度控制器，晶闸管中频感应炉，测温仪等。

2. 手工造型工具

型板、砂箱、模样、芯盒；

砂刀、砂冲子、通气针、起模针、秋叶、砂勾、皮老虎、浇口棒。

1.1.4　实训步骤及方法

1. 制备型砂和芯砂

2. 造型

（1）整模两箱造型

适用于零件的最大截面在端部，这样可选它作为分型面，将模样做成整体，采用整模两箱造型。

① 造下砂型　将模样安放在型板上，套上砂箱，加砂、紧实，用刮板刮平。

② 造上砂型　翻转下砂型，按要求放好上砂箱、横浇口、直浇口棒和定位销，撒分型砂后加型砂造上砂型。

③ 扎通气孔　取出浇口棒，开外浇口并按要求扎通气孔。

④ 开箱起模与合箱　打开上砂型，起出模样，修理后合型。

具体过程如图 1.1 所示

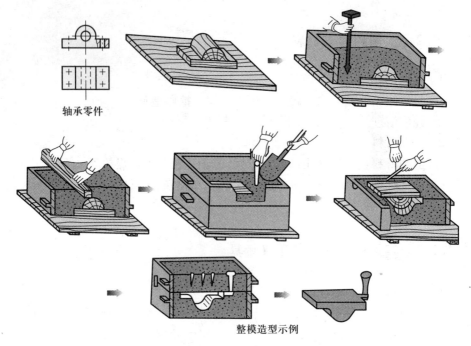

轴承零件

整模造型示例

图 1.1　整模造型

（2）分模两箱造型

① 将带有销孔的一半模型平放在型板上，套上砂箱，填砂、紧实、起模造好下型。

② 翻转下型放在型板上，将另一半带销子的模型与前一半模型合好，均匀撒上一层分型砂。

③ 放置砂箱，固定好砂箱定位销，适当安放好浇口棒，同样造好上型并在铸型上面扎些许通气孔。

④ 取出浇口棒，开好池形外浇口，轻轻振动砂箱，取出定位销，向上平端将上型与下型分开并翻转平放在地面上或斜靠在型板上。

⑤ 分别松动上下模型并垂直分型面取出（带销孔的模型用两根取模针，带销子的直接用手即可）模型，开好内浇口。

⑥ 清理铸型内腔的散砂，将已造好并烘干的型芯落在下型内腔的芯头上。

⑦ 上型套上定位销与下型合好。

具体过程如图 1.2 所示。

（3）整模挖砂造型

铸件的最大截面不在端部，且模样又不能分成两半时，常采用挖砂造型。

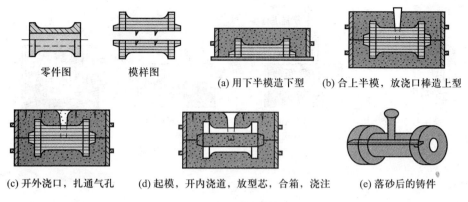

零件图 模样图

(a) 用下半模造下型　(b) 合上半模，放浇口棒造上型

(c) 开外浇口，扎通气孔　(d) 起模，开内浇道，放型芯，合箱，浇注　(e) 落砂后的铸件

图 1.2　分模造型

造型方法与整模造型相类似，只是要将下砂型中阻碍起模的砂挖掉；由于要准确挖出分型面，操作较麻烦，要求操作技术水平较高。操作过程如图 1.3 所示。

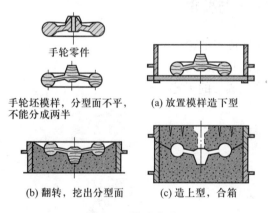

手轮零件

手轮坯模样，分型面不平，
不能分成两半　　　(a) 放置模样造下型

(b) 翻转，挖出分型面　(c) 造上型，合箱

图 1.3　挖砂造型

（4）活块造型

当铸件侧面有局部凸起阻碍起模时，可将此凸起部分做成能与模样本体分开的活动块。起模时，先把模样主体起出，然后再取出活块。造型过程如图 1.4 所示。

（5）浇注清理

在上型面放置适量压铁，注入熔炼好的金属液体。冷却凝固后落砂并清理铸件。

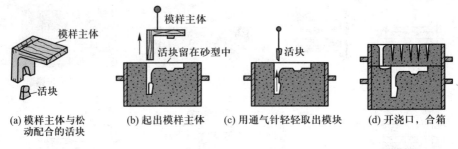

(a) 模样主体与松动配合的活块　(b) 起出模样主体　(c) 用通气针轻轻取出模块　(d) 开浇口，合箱

图 1.4　活块造型

1.2　塑料成形

1.2.1　实训目的与要求

① 了解中空吹塑成形的组成和应用；
② 了解吹塑模的基本结构；
③ 掌握中空吹塑成形的工艺过程。

1.2.2　实训内容与材料

1. 实训内容

制作吹塑件（如图 1.5）；

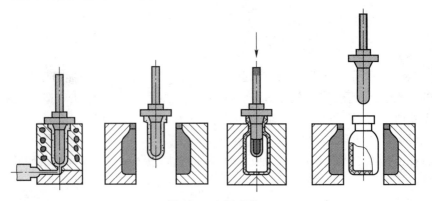

图 1.5　吹塑成形

2. 实训材料

PE（聚乙烯）。

1.2.3 实训所用设备及工夹量具

1. 实训所用设备

真空吹塑成形主机 PBSS505 一台；

空气压缩机一台；

冷水机一台；

2. 实训所工夹量具

中空吹塑成形模具一套。

1.2.4 实训步骤及方法

① 将塑料原料加入吹塑机的料斗；

② 预热使塑料处于熔融状态；

③ 启动空气压缩机和冷水机；

④ 挤出的型胚进入打开的模具内；

⑤ 模具闭合，向塑料型胚通入压缩空气，使其膨胀，保压并冷却成形；

⑥ 排除压缩空气，开模取出塑料制件完成一个工作循环。

1.3 铸工安全操作规程

① 进入铸造车间，应注意地面的物品、空中的行车。

② 造型时不可用嘴吹型砂和芯砂。造型用具不要堆放在路边。

③ 向已熔化有金属液的炉膛内补充的炉料和合金或放在浇包内的合金，事先必须经烘干处理。

④ 浇注前，挡渣工具和浇包必须烘干。浇注时，不操作的同学应远离浇包。

⑤ 取拿铸件前应注意是否冷却。

⑥ 清理铸件时要注意避免伤人。

第2章 锻压

. . . .

2.1 实训目的与要求

1. 基本知识

① 了解坯料加热的目的和方法、常见加热缺陷、碳钢的锻造温度范围、锻件冷却的方法；

② 了解空气锤的结构和工作原理，掌握自由锻基本工序的特点；

③ 了解钣金所用设备（数控剪板机、数控折弯机、压力机）工作原理、使用方法，掌握下料、折弯要领；

④ 了解常见锻造缺陷及其产生原因；

⑤ 熟悉锻造生产安全技术。

2. 基本技能

① 独立完成简单自由锻件的手工锻造，并能对自由锻锻件进行初步工艺分析；

② 协作完成下料操作。

2.2 实训内容与材料

1. 实训内容

按图2.1要求锻造一个马钉；

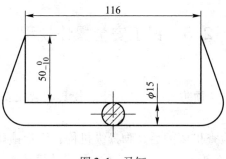

图 2.1 马钉

2. 实训材料

Q235 – A（$\phi 12 \times 200\,\text{mm}$）。

2.3 实训所用设备及工夹量具

1. 实训所用设备

C41 –75B 型 75 kg 空气锤一台；

箱式电阻炉一台；

2. 实训所用工夹量具

夹钳、榔头、铁砧、直尺。

2.4 实训步骤及方法

① 利用加热炉把碳钢加热到始锻温度。

② 用夹钳把材料夹紧，用榔头对材料施加压力，使材料前端拔尖。

③ 材料到了终锻温度放回加热炉中加热。

④ 到了始锻温度把材料弯曲，材料两头都弯曲好后，再把材料两头校正在一个平面上。

2.5 锻工安全操作规程

① 落锤操作应重点预防人体误入锤下、模具破裂或安装模具时造成砸伤、击伤事故。

② 工作前必须检查机床的手、脚操纵机构，保险锁块，冷气压力，模具等安全可靠，空车试车正常才可工作，不允许带故障运行。

③ 必须确认锤头在保险锁块上托牢，采取安全措施后，才允许伸进锤头下面工作。

④ 两人同时操作时，必须明确一人负责指挥。落锤操纵者必须确认取放工件人员离开锤头位于安全位置才允许操作，当操作者发出操作信号后，任何情况下取送工件人员不准伸进危险区。

⑤ 工作时严禁用任何方法将手、脚操纵开关压住以便自行动作。

⑥ 工作时应经常检查模具、紧固螺丝，不允许有裂纹、松动现象。

⑦ 使用吊车安装模具时应执行吊车安全操作规程，使用铲车时应注意周围情况，防止发生砸伤、挤伤事故。工作前检查所需使用的设备和工具是否安全、可靠，运转系统的润滑情况等。

⑧ 严禁身体的任何部位进入设备落下部分的下方，以防发生人身事故。

⑨ 发现设备运转异常，应立即停车检查，等恢复正常后方可继续操作。

⑩ 不要站立在容易飞出火星和料边的地方，也不能用手触摸或脚踏未冷透的工件。

⑪ 在空气锤上安装模具时，应将滑块降至下极点，仔细调节闭合高度及模具间隙，模具紧固后进行点锻或试锻。

⑫ 操作结束，应使锤头或滑块处于最低位置（模具处于闭合状态），同时切断电源。

⑬ 手工锻造时，应带好工作手套，穿好工作服和工作鞋（学生工程训练时，夏天不准穿凉鞋）。每天工程训练完毕要进行必要的清理等。

第 3 章　焊接

3.1　手工电弧焊

▲ 3.1.1　实训目的与要求

1. 基本知识
① 了解手弧焊机的种类、结构、性能及使用；
② 了解电焊条的组成及作用；
③ 了解常用焊接接头形式和坡口形式；
④ 熟悉手工电弧焊焊接工艺参数及其对焊接质量的影响；
⑤ 了解其他常用焊接方法；
⑥ 了解手工电弧焊的常见缺陷及其产生原因；
⑦ 熟悉焊接生产安全技术。
2. 基本技能
独立完成手弧焊平焊操作，协作完成气焊操作。

▲ 3.1.2　实训内容与材料

1. 实训内容
对焊平钢板

2. 实训材料

① Q235（150 mm × 25 mm × 4 mm 钢板两块）；

② J422 电焊条。

3.1.3　实训所用设备及工夹量具

1. 实训所用设备

ZXT—200S 型直流电弧焊机、BX1 - 300 - 1 型电焊机；

2. 实训所用工夹量具

电焊面罩、电焊手套、清渣榔头。

3.1.4　实训步骤及方法

1. 选择合适的焊接规范

① 焊条直径：$\Phi 2.5$ mm；

② 焊接电流：根据 $I = Kd$ 调整；

③ 焊接层数：单层双面焊。

2. 引弧

焊接前，应把工件接头两侧 20 mm 范围内的表面清理干净，并使焊芯的端部金属外露，以便进行短路引弧。采用敲击或摩擦法引弧。

3. 焊条的运动

① 焊条沿着焊缝从左向右运动；

② 焊条的轴向送进运动；

③ 焊条的横向摆动。

4. 堆焊练习

初学者首先应在平板上练习堆焊，直线移动（不运条）进行焊接。要求达到：① 掌握引弧方法；② 均匀送进，保持焊条角度和一定弧长，做到不灭弧，不粘条，稳定燃烧。

5. 对接平焊

取两块厚 4 mm 左右的钢板，把两钢板平放、对齐，钢板两头进行焊前点固，以防止焊接变形。按堆焊的方法进行焊接。

6. 焊后除渣

清理焊缝表面，检查焊缝形状、尺寸及有无焊接缺陷。

3.2　气焊与气割

3.2.1　实训目的要求

① 了解气焊设备的组成及作用，气焊火焰的种类和应用；

② 了解氧气切割原理，过程及金属气割条件；

③ 了解气焊气割工艺，正确掌握气焊气割设备的使用方法，操作要领，安全操作技术。

3.2.2　实训内容与材料

1. 实训内容

自行设计作品、切割钢板一块。

2. 实训材料

① 气焊焊丝 H08A；

② Q235 钢丝；

③ Q235 钢板一块（300 mm × 100 mm × 10 mm）。

3.2.3　实训所用设备及工夹量具

1. 实训所用设备

① 氧气瓶和减压器 1 个；

② 乙炔瓶和减压器各 1 个。

2. 实训所用工夹量具

① 焊炬、割炬各 1 把、12 寸活动扳手 1 把，钢丝钳 1 把；

② 墨镜 1 副，布手套 1 双。

3.2.4　实训步骤及方法

1. 气焊

（1）点火、调节和灭火

先把氧气瓶的气阀打开，调节减压器使氧气达到所需的工作压力，同时检查乙炔发生器和回火阻止器是否正常。

点火时，先微开焊炬上的氧气阀，再开乙炔气阀，然后点燃火焰。随即慢慢开大氧气阀，观察火焰的变化，最后调节成为所需的中性焰。灭火时，应先关闭乙炔气阀，然后关闭氧气阀。

（2）焊接方向

气焊操作是右手握焊炬，左手拿焊丝，可以向左焊，也可以向右焊。

（3）施焊方法

开始焊接时，因为工件的温度较低，所以焊嘴应与工件垂直，使火焰的热量集中，尽快使工件接头表面的金属熔化。焊到接头的末端时，则应将焊嘴与工件的夹角减小，以免烧塌工件的边缘，且有利于金属熔液填满接头的空隙。

2. 气割

（1）点火、调节和灭火

先把氧气瓶的气阀打开，调节减压器使氧气达到所需的工作压力，同时检查乙炔发生器和回火防止器是否正常。点火时，先微开割炬上的氧气阀，再开乙炔气阀，然后点燃火焰。随即慢慢开大氧气阀，观察火焰的变化，最后调节成为所需的中性焰。灭火时，应先关闭乙炔气阀，然后关闭氧气阀。

（2）气割方向

气割操作是右手握焊炬，可以向左割，也可以向右割。

（3）气割操作方法

先把工件切割处的金属预热到它的燃烧点，然后以高速纯氧气流猛吹。这时金属就发生剧烈氧化，所产生的热量把金属氧化物熔化成液体。同时，氧气气流又把氧化物的熔液吹走，工件就被切出了整齐的切口。只要把割炬向前移动，就能把工件连续切开。

3.3　焊工安全操作规程

（1）手工电弧焊

① 工作前应检查焊机电源线、引出线及各接点是否良好，线路横越车行道应架空或加保护盖，焊条的夹钳绝缘和隔热性能必须良好。

② 下雨天不准露天电焊。在潮湿地带工作时，要站在铺有绝缘物品的地方，并穿好绝缘鞋；

③ 移动或电焊机从电力网上接线、检线、接地等工作均应由电工进行；

④ 推闸刀开关时，身体要偏斜些，要一次推足，然后开启电焊机；停机时，要先关电焊机，才能拉断电源闸刀开关；

⑤ 移动电焊机位置，须先停机断电，焊接中突然停电，应立即关好焊机；

⑥ 在人多的地方焊接时，要安设遮拦挡住弧光，无遮拦时应提醒周围人员不要直视弧光；

⑦ 换焊条时要戴好手套，身体不要靠在铁板或其他导电物品上。敲渣时要戴上防护眼镜；

⑧ 焊接有色金属器件时，要加强通风排毒，必要时使用过滤式防毒面具；

⑨ 在焊钳与工件短路的状态下，电源开关不应合闸；停止工作时，焊钳应与工件分开，应将焊钳放在绝缘良好的地方，只准在非工作状态下切断电源。

（2）气焊切割

① 工作前或较长时间停工后工作时，必须检查所有设备。氧气瓶、乙炔气瓶，压力调节器及橡胶软管的接头、阀门及紧固件应牢固，不准有松动、破损和漏气现象。氧气瓶及其附件、橡胶软管、工具上不能沾染油脂及油垢。

② 检查设备、附件及管路是否漏气时，只准用肥皂水试验。试验时，周围不准有明火。严禁用火试验漏气。

③ 氧气瓶、乙炔气瓶与明火间的距离应在 10 m 以上。如条件限制，也不准低于 5 m，并应采取隔离措施。

④ 禁止用易产生火花的工具去开启氧气或乙炔气阀门。

⑤ 设备管道冻结时，严禁用火烤或用工具敲击冻块。溶解氧气阀、乙炔气阀或管道要用 40℃ 以下的温水；回火防止器及管道可用热水或蒸汽加热解冻，或用 23% ~30% 氧化钠热水溶液解冻、保温。

第4章 钳工与装配

· ·

4.1 钳 工

4.1.1 实训目的与要求

1. 基本知识

① 了解钳工工作在机械制造及设备维修中的作用；

② 掌握钳工主要工作（锯、锉、钻、攻螺纹、划线）的基本操作方法；

③ 了解所用的工、夹、量具；

④ 了解扩、铰、套螺纹、刮削和研磨等方法；

⑤ 熟悉安全操作规程。

2. 基本技能

① 独立完成锯、锉、钻、攻螺纹、划线等操作；

② 掌握钳工常用工具、量具的使用方法，能独立完成钳工作业件。

4.1.2 实训内容与材料

1. 实训内容

① 按图4.1要求加工四方螺母；

② 按图4.2要求加工家用小榔头。

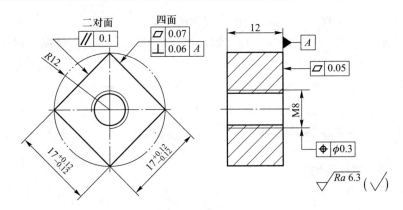

图 4.1　四方螺母

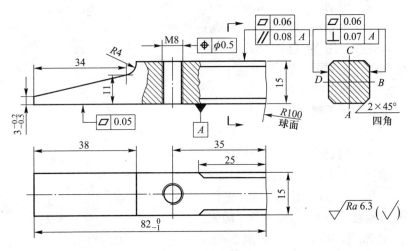

图 4.2　家用小榔头

2. 实训材料

Q235 – A（$\Phi 25 \times 100$ mm）1 根、Q235（16 mm × 16 mm × 100 mm）1 根。

4.1.3　实训所用设备及工夹量具

1. 实训所用设备

Z516 – 1 型台钻一台；

2. 实训所用工夹量具

① 台虎钳和 125 mm 分度头各一台；

② 手锯一把，300 mm 平锉刀和 150 mm 圆锉刀各一把、$\phi 6.8$ 钻头一个、

M8 丝锥一副，铰杠一把，M8 丝板一只，绞手架一把；

③ 划线平板、千斤顶、方箱、划线盘、样冲、小榔头、划规、划针等各一个；

④ 游标卡尺、直角尺、角尺、划线高度游标卡尺各一把。

4.1.4　实训步骤及方法

1. 四方螺母的加工

① 下料　用手锯锯割 $13_{\ 0}^{+0.5}$ mm；

② 粗锉　用平锉粗锉 A 面及相对面；

③ 划线　用划线工具划出加工线；

④ 钻孔　用 $\phi 6.8$ 钻头钻 M8 底孔；

⑤ 攻螺纹　用 M8 丝锥攻 M8 内螺纹；

⑥ 精锉　达到图纸要求。

2. 家用小榔头的加工

① 下料　用手锯锯割 88 mm；

② 粗锉　用平锉粗锉两端面及 A、B、C、D 面；

③ 划线　用划线工具划出加工线；

④ 锯锉　用手锯和平锉加工斜面；

⑤ 钻孔　用 $\phi 6.8$ 钻头钻 M8 底孔；

⑥ 攻螺纹　用 M8 丝锥攻 M8 内螺纹；

⑦ 倒角、锉球面　用平锉倒 $2 \times 2 \times 25$ 角，锉 $R100$ 球面；

⑧ 精锉　达到图纸要求。

4.2　装　　配

4.2.1　实训目的与要求

① 了解装配是机器生产工艺过程的最终工序，装配质量达不到要求，将会导致工作精度低、能耗大、寿命短，甚至产生重大的人身设备事故；

② 掌握一般拆装工具、量具和有关专用工具、验具的使用方法；

③ 了解摩托车四冲程发动机进、压、功、排的工作原理；

④ 了解基本构件（曲轴连杆、配气、离合器、起动器、变速器、磁电机等）的工作原理、结构、相互传动关系；

⑤ 对摩托发动机能基本按要求进行拆装操作，对行走部分（前后轮、避震器等）能独立操作。

4.2.2 实训内容与材料

拆装 YUANDA125 –2 摩托车发动机。

4.2.3 实训所用设备及工夹量具

1. 实训所用设备

① 远大 125 –2 型摩托车 1 台；

② 1.2 m × 2 m 台桌。

2. 实训所用工夹量具

① 成套固定扳手、梅花扳手、套筒扳手，专用扳手各 1 把；

② 一字、十字大小螺丝刀各 1 把；

③ 尖嘴钳、平口大小钢丝钳各 1 把；

④ 木头、铁榔头；铝棒；

⑤ 游标卡尺、塞尺各 1 个；

⑥ 50 ~ 75 mm 百分尺和 50 ~ 100 mm 内径百分表各一个。

4.2.4 实训步骤及方法

3 ~ 4 位同学为一组，先进行拆卸操作，拆卸一般原则是按先上后下，先外后内，先简单后复杂顺序进行。拆下的零件按构件或总成尽可能套装在一起。配合件有必要做上记号，在拆卸过程中，严禁贪图省事猛拆硬敲损伤零部件，同时始终要注意场地的整洁，为装配做好准备。

装配往往是拆卸的逆过程，基本原则是上一装配工序不能影响下一工序。重要的零部件在装配前都要反复、认真、仔细地检查，次要的不显眼的小零件不可遗忘装配。相互运动的工作表面要彻底清洁干净并上润滑油（或脂），油孔气道不可被脏物塞住。相互配合的间隙或位置要正常。螺丝、螺母要相对交叉紧固，装配完毕，检查有无零件多出或遗失，最后用手的力量试运转，看看是否正常。

摩托车发动机是较复杂的机器，技术含量高，涉及的知识面广，拆装实践等同于完成一道综合性实训考题，它非常有利于机类同学检验和锻炼自身的综合能力。

4.3   钳工安全操作规程

① 各类钳工除必须遵守机械加工通用安全操作规程外，还必须执行钳工通用安全操作规程；

② 钳台应放在光线充足、便于工作的地方；钻床和砂轮机应放置于场地边缘；

③ 工作场地要保持整洁，毛坯、零件要摆放整齐、稳当，便于取放，并避免碰伤已加工表面；

④ 使用的机床、工具要经常检查，以防造成安全隐患；

⑤ 在加工的过程中，严禁用嘴吹铁屑；

⑥ 工具的摆放要求为：

a. 量具不能与工具或工件混放在一起。常用的工具和量具应摆放在工作位置附近，不用时应放入工具箱内；

b. 应按一定顺序排列整齐的摆放在钳台上，不能伸出钳台。

⑦ 使用钻床时要求：

a. 操作时严禁戴手套，袖口要扎紧，围巾要压在衣内，长发要戴工作帽，重点要预防绞伤与刺割伤害；

b. 要根据加工工件的大小，采用钻头的直径与切削力等情况分别采用手钳、平钳或压板夹紧工件，严禁用手直接抓住工件钻孔；

c. 不准用手摸或棉纱擦拭、接触正在转动的钻头和清除切屑。每天下午下班前将工作场所清理干净。

第 5 章　车削加工

· ·

5.1　实训目的与要求

1. 基本知识

① 了解卧式车床的组成、运动、用途及主要传动结构，了解车床的型号；

② 熟悉常用车刀的组成和结构，了解车刀主要角度的作用。了解常用刀具材料的性能；

③ 掌握车外圆、钻孔、镗孔、车端面、车锥面、车成形面及车螺纹的方法；

④ 了解轴类、盘套类零件装夹方法的特点；

⑤ 了解常用附件的大致结构和用途；

⑥ 熟悉车工安全操作规程。

2. 基本技能

独立完成轴类零件的操作，协作完成盘套类零件部分表面的加工，并能正确使用刀具、夹具和量具。

5.2　实训内容与材料

1. 实训内容

① 按图 5.1 要求加工球面；

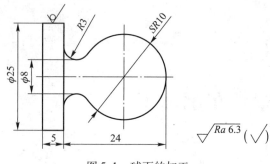

图 5.1 球面的加工

② 按图 5.2 要求加工销钉；

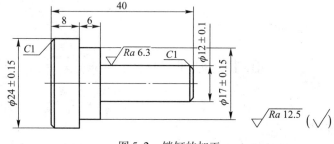

图 5.2 销钉的加工

③ 按图 5.3 要求加工轴套；

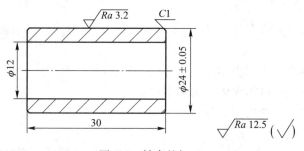

图 5.3 轴套的加工

④ 按图 5.4 要求加工锥面；

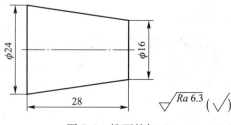

图 5.4 锥面的加工

⑤ 按图 5.5 要求加工螺纹；

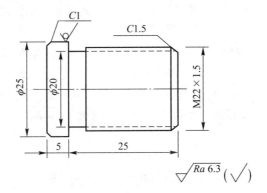

图 5.5　螺纹的加工

⑥ 按图 5.6 要求加工综合件。

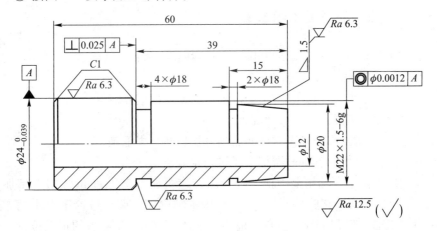

图 5.6　综合件的加工

2. 实训材料

Q235 – A（$\Phi25\,\mathrm{mm} \times 600\,\mathrm{mm}$）1 根。

5.3　实训所用设备及工夹量具

1. 实训所用设备

CA6136/750 型普通车床 1 台。

2. 实训所用工夹量具

① 三爪卡盘 1 只、卡盘弹簧扳手 1 把、刀架扳手 1 把，加力套筒 1 根，活动扳手 1 把，钻夹帽 1 个，铁片若干块等。

② 外圆弧刃刀、45°弯头刀、90°外圆偏刀、60°三角螺纹刀、切槽刀、切断刀和粗、细锉刀各一把，ϕ12 钻头和中心钻各一个

③ 0～150 mm 钢尺、0～150 mm 游标卡尺和 0～25 mm 外径千分尺各一把，塞规、M22×1.5 螺纹环规、螺纹对刀样板和牙规各一个。

5.4   实训步骤及方法

◢ 5.4.1   球面的加工（图 5.1）

① 找正、夹紧：夹持毛坯外圆伸出 40 找正夹紧；

② 划线：划线长分别为 10、20、24 处；

③ 切槽：圆弧刀在 20 至 24 长位置上移动切槽至 Φ8；

④ 车球面：车前面 R10，车后面 R10；

⑤ 锉光切断：用锉刀锉光球面后到总长切断，去毛刺；

⑥ 检验：用 0～150 mm 游标卡尺进行检验。

停车用手调整主轴箱上手柄选择车床转速粗加工 290 r/min 左右，精加工 410 r/min 左右。启动电源开关，开动车床主轴旋转。调整进给箱上手柄。进给量粗加工选择 0.11 mm/r 左右。精加工选择 0.06 mm/r 左右的正确位置。利用溜板箱上的手轮先手动操作，后利用溜板箱上的自动手柄开自动操作。前卡盘后尾架注意与刀架溜板相遇。

a. 需要经过多次车削、停车，用量具测量，同时利用机床刻度盘调整切削用量；

b. 手动操作；

c. 操作过程：夹持毛坯外圆伸出 40 长，找正夹紧。开车划线长分别为 10、20、24 处。用圆弧刀在 20 到 40 长位置上移动切槽至 Φ8 稍大一点。分多次粗、精车前面 R10，车后面 R10 用锉刀锉光球面后，至总长切断完成。

5.4.2　销钉的加工（图5.2）

① 找正、夹紧：夹持毛坯外圆伸出 50 找正夹紧；

② 车端面：用 45°弯头刀车端面；

③ 车外圆：用 90°外圆偏刀；

④ 倒角、切断：用 45°弯头刀在 φ12 ±0.1 处倒角 1 ×45°，用切断刀至 41 长切断；

⑤ 车端面：调头，用 45°弯头刀车端面总长 40，倒角 1 ×45°；

⑥ 检验：用 0 ~ 150 mm 游标卡尺和 0 ~ 25 mm 千分尺等检验；

⑦ 需要经过多次车削、停车，用量具测量，同时利用机床刻度盘调整切削用量；

⑧ 手动和自动操作分别利用；

重点：车外圆的步骤，一对刀、二退刀、三进刀、四试切、五测量、六加工。

操作过程：用三爪卡盘夹持毛坯外圆伸出 50 mm 找正夹紧。用 45°弯头刀车端面，用 90°外圆偏刀车至长 32 mm，分粗、精数次车削。车 φ17 ±0.15 至长 32，φ12 ± 0.1 至长 26。用 45°弯头刀车前面 1 ×45°倒角。用切断刀至 41 mm 长切断。掉头用 45°弯头刀车端面至总长 40，倒角 1 ×45°。

5.4.3　轴套的加工（图5.3）

① 找正、夹紧：夹持毛坯外圆伸出 50 mm 找正夹紧；

② 车端面、外圆：用 45°弯头刀车端面，用 90°外圆偏刀车外圆 φ24 ± 0.05 至长 31；

③ 钻孔：用中心钻 φ3，麻花钻 φ12 钻 φ12 孔至长 31 mm；

④ 切断：用切断刀切断至长 31 mm，去毛刺；

⑤ 车端面：调头，用 45°弯头刀在 30 mm 处车端面、去毛刺；

⑥ 检验：用 0 ~ 150 mm 游标卡尺、0 ~ 25 mm 千分尺、塞规等检验。

a. 需要经过多次车削、停车，用量具测量，同时利用机床刻度盘调整切削用量。

b. 重点：钻孔过程，利用尾座手动操作。先用中心钻引孔，后用钻头钻孔。钻孔过程两头稍慢，中间稍快。

c. 操作过程：用三爪卡盘夹持毛坯外圆伸出 50 mm 找正夹紧。用 45°弯头刀车端面。用 90°外圆偏刀车外圆 $\phi24 \pm 0.05$ 至长 31 用麻花钻头 $\phi12$ 钻 $\phi12$ 孔至 31。用切断刀至 31 长切断。调头夹紧。用 45°弯头刀车端面至长 30，对外圆和内孔分别倒角去毛刺。

5.4.4   锥面的加工（图 5.4）

① 找正、夹紧：夹持毛坯外圆伸出 40 找正夹紧；

② 车端面、外圆：用 45°弯头刀车端面，90°外圆偏刀车大头 $\phi24$ 至长 28 mm；

③ 车锥面：用 90°外圆偏刀车锥面至小头 $\phi16$；

④ 倒角、切断：用切断刀倒角后至总长切断；

⑤ 检验：用 0 ~ 150 mm 游标卡尺等进行检验；

a. 需要经过多次车削、停车，用量具测量，同时利用机床刻度盘调整切削用量。

b. 近似公式计算：$\alpha/2 = (D - a)/L \times 28.7°$（用于转动小拖板角度）。

c. 操作过程：

用三爪卡盘夹持毛坯圆伸出 40 找出正夹紧用 45°弯头刀车端面。用 45°弯头刀车端面。用 90°外圆偏刀车大头 $\phi24$ 至长 28，转动小拖板准确角度后用 90°外圆偏刀分粗、精手动车锥面。用 45°弯头刀倒角后用切断至总长切断。

5.4.5   螺纹的加工（图 5.5）

① 找正、夹紧：夹持毛坯外圆伸出 50 找正夹紧；

② 车端面：用 45°弯头刀车端面；

③ 车外圆：用 90°外圆偏刀车 M22 × 1.5 螺纹外圆至长度；

④ 切槽：用切槽刀切 4 × $\phi20$ 槽；

⑤ 车螺纹：用 60°三角螺纹刀车 M22 × 1.5 螺纹；

⑥ 车端面、切断：用切断刀按总长切断，调头，用 45°弯头刀车端面倒角；

⑦ 检验：用 0 ~ 150 mm 游标卡尺、0 ~ 25 mm 千分尺 M22 × 1.5 螺纹环规等检验；

a. 需要经过多次车削、停车，用量具测量，同时利用机床刻度盘调整切削用量；

b. 螺纹实际高度计算公式：

$h_1 = H - 2H/8 = 0.6495P = 0.65P$（用于中拖板刻度盘进刀深度计算）

c. 重点：首先检查各部位手柄是否放在正确的位置上。利用丝杠带动溜板箱移动，启用倒顺车法或启开合螺母法。利用中拖板刻度盘分多次进刀低速车螺纹。

d. 操作过程：用三爪卡盘夹持毛坯外圆伸出 50 找正夹紧，用 45°弯头刀车端面，用 90°外圆刀车螺纹的外圆表面至长度，用切槽刀切 4×20 槽分粗、精次数车 M22×1.5 螺纹到尺寸。用切断刀按总长切断，调头装夹，用 45°弯头刀车端面、倒角。

5.4.6　综合件的加工（图5.6）

① 需要经过多次车削、停车，用量具测量，同时利用机床刻度盘调整切削用量。

② 操作过程：用三爪卡盘夹持毛坯外圆伸出 70 长找正夹紧。用 45°弯头刀车端面，用 90°外圆偏刀分粗、精次数。车外圆 $\phi24_{-0.039}^{0}$，车螺纹外圆至 $\phi22_{-0.2}^{-0.1}$ 车锥体大头至长度，用切槽刀切 4×$\phi18$、2×$\phi18$ 槽。用 60°三角螺纹刀分粗、精数次车 M22×1.5 螺纹。用 45°弯头刀倒角，用 90°外圆偏刀车锥面，用麻花钻头 $\phi12$ 钻孔。调头垫铜片夹持 $\phi24_{-0.039}^{0}$ 外圆找正，用 45°弯头刀车端面至总尺寸。倒角完工，用切断刀切断至总长。

5.5　车床安全操作规程

① 各类车床操作除必须遵守机械加工通用安全操作规程外，还应执行有关车工安全操作规程；

② 开机前先用手转动卡盘，检查各部位手柄是否在正确位置，先加油，后开机；

③ 开机必须做到三不准：a. 不准在导轨上放任何东西，b. 不摸旋转的零件，c. 装卸工件完毕，卡盘扳手未拿下时不准开；

④ 用锉刀在车床上操作时，必须右手在前左手在后，加工细长零件要用顶针、跟刀架或中心架，加工长料时从主轴后伸出长度不得超过 200 mm 并应加上醒目标志，超过 200 mm，应装上支架；

⑤ 用花盘加工奇形和偏心零件时，要加平衡配重，夹紧牢固，先开慢车，

然后变为需要的转速。压板、垫铁应与旋转花盘可靠连接，防止甩出；

⑥ 加工钢件应采用断屑刀具，并用专用铁钩清理切屑，注意防止铁钩被铁屑缠住，铰伤手臂；

⑦ 在装夹工具、调整卡盘、校正测量工件时，必须停车进行，并将刀架移到安全位置。校正后要撤除垫板等物，方能开车；

⑧ 不准将手指或手臂伸入工件内孔进行砂光，不准用砂布裹在工件外缘上砂光，成直条状压在工件上；

⑨ 加工工件直径不准超过卡盘允许安全加工范围，不准用大卡盘夹持小卡盘加工工件；

⑩ 切断工件时不准用手接持，同时应防止切断的工件甩出伤人；

⑪ 操作者不准停留在机床的运转部位进行工作。在工作看台上操作时，不准将身体伸向旋转部位；

⑫ 工作时必须穿工作服，女同学要戴安全帽，严禁戴手套；

⑬ 人走关机，不能串机操作；

⑭ 两人以上共用一台机床，其中以一人操作为主，其他人辅助工作，必须相互协调，开车时应打招呼，确认安全后才可以开车；当需要交换操作者时，应停机交换；

⑮ 操作时，头部不能离旋转的工件太近，防止铁屑伤害脸上皮肤和眼睛；

⑯ 学生进行工程训练时，未经指导教师的允许，学生不得擅自开机；

⑰ 若发生事故，应立即停车，关闭电源，保护好现场，及时向有关人员汇报，以便分析原因，总结经验教训；

⑱ 下班或中途停电时，必须将各种走刀手柄放在空挡位置并切断电源。每天下午下班前将机床清理干净，并定期对机床进行保养。

第6章　铣削加工

6.1　实训目的与要求

1. 基本知识
① 了解常用铣床的组成、运动、用途和型号；
② 了解其常用刀具和附件的大致结构及用途；
③ 熟悉铣工安全操作规程。
2. 基本技能
独立完成平面铣削加工，协作完成齿轮加工。

6.2　实训内容与材料

① 按图 6.1 要求加工六角螺帽；材料：已加工好的销钉，（A3）钢。

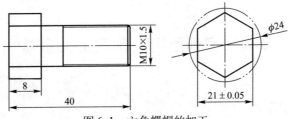

图 6.1　六角螺帽的加工

② 按图6.2要求加工键槽；材料：φ50 铝棒。

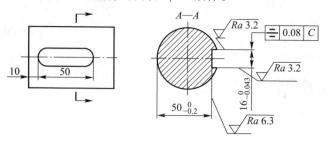

图6.2   键槽加工

③ 按图6.3要求加工直齿圆柱齿轮。

模数	2.5
齿数	19
压力角	20°
精度等级	21820 GB/T 10095.1—2008 9GK

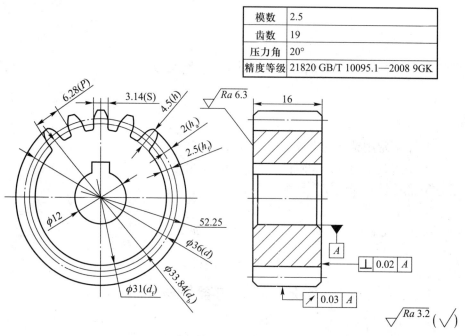

图6.3   直齿圆柱齿轮的加工

6.3   实训所用设备及工夹量具

1. 实训所用设备

X5032A 型立式升降台铣床或 X6132A 型万能升降台铣床 1 台。

2. 实训所用工夹量具

① 分度头 1 台；

② 齿轮铣刀 1 把（m^2、2#、20°）、$\phi 12$ 直柄立铣刀各 1 把；

③ 高度尺、弧齿厚千分尺、公法线千分尺、游标卡尺各 1 把，0.125 mm 百分表 1 套。

6.4　实训步骤及方法

6.4.1　六角螺帽的加工（图 6.1）

1. 工件装夹

① 把工件装在分度头的三爪卡盘里；

② 夹稳，夹牢，不能让工件松动；

③ 卡盘扳手随手取下。

2. 加工

① 通过纵向手柄把工件移到铣刀下方，铣刀端面与工件中间有间隙才可以开机对刀；

② 用铣刀端面接触，待加工面的最高点，通过升降台完成。作为计算刻度的起点；

③ 对刀后移动横向工作台，将工件退出，将升降台刻度盘回零，利用升降台刻度盘，把计算所需格数沿顺时针方向旋转到指定格数；

④ 铣削第一个面时，吃刀深度略浅一些，为 0.75 mm，然后摇动分度手柄转 20 圈，铣它的对边；

⑤ 测量工件时，必须停机，测量出对边尺寸，减去图纸所要求的公差，再进行升降台的调整；

⑥ 符合图纸要求，进行分度，每次分度时，手柄转 $N = 40/Z = 40/6 = 6\frac{2}{3} = 6\frac{38}{57}$，即在 57 的孔圈上摇 6 圈再过 38 个孔距，然后依次将六个面铣削完。

6.4.2　键槽的加工（图 6.2）

1. 工件的安装

利用分度头装夹工件，工件一端用三爪卡盘夹紧，一端用顶尖顶住，轴的中心不会因为外圆直径的变化而发生改变，因此轴的直径尺寸不会影响键槽的对称性，这种装夹方式是比较精确的。

2. 选择铣刀

加工封闭式键槽时，应按槽宽优先选用键槽铣刀（这种铣刀的刀齿强度和耐磨性较好），其次是立铣刀。立铣刀端面齿强度较弱，所以不适合加工较小的键槽。

3. 加工方法

键槽上要求最严格的是槽与轴中心线的对称度和槽宽的尺寸，因此，键槽主要是对中心，即槽的中心应与轴的中心重合，常用对中心的方法有：

（1）切痕对中心

首先把工件调整到大致在铣刀的中心位置上，开动机床后慢慢上升工作台，轴的表面就会被切出一个四方形的平面来，应使铣出的切痕的对边距离等于槽度的尺寸，然后再仔细调整工作台，使铣刀相切于切痕的两条边上即可。

（2）按工件侧面对中心

开动机床后，使铣刀的侧面刀刃轻轻接触工件侧面，然后下降工作台，再把工作台横向移动一个距离 A（即铣刀直径上的中心线与轴中心重合）

A 值可用下式计算

$$A = D/2 + d/2$$

式中：D——工件直径；

d——铣刀直径。

4. 轴上键槽的测量

在卧式铣床上加工键槽，若槽的两侧面处于与机床工作台面平行位置时，槽与轴中心线的对称度可用直角尺检测。将加工完的工件去毛刺（不取下），然后将角尺放在工作台面上，并接触槽口，若两边无缝隙，则表示槽与轴中心对称，若一边有缝隙，则表示不对称，根据误差的方向，进一步调整机床工作台的高低位置，直至对称为止。

键槽尺寸的检测：一般用游标卡尺检查键槽的宽度、长度和深度。

◤ 6.4.3 直齿轮圆柱的加工（图6.3）

1. 检查齿坯尺寸

主要检查齿顶圆尺寸，便于在调整切削深度时，根据实际齿顶圆直径予以增减，以保证分度圆齿厚的正确，计算可得

$$D_{顶} = m(Z+2) = 2.5 \times (19+2) = 52.5$$

2. 齿坯的装夹与校正

把齿坯套在心轴上，并装夹在分度和尾座的两顶针之间，齿轮需要校正，用百分表来校正径向跳动量，在校正时用分度头手柄将工件旋转一周，仔细观察百分表最低值和最高值的误差，适当的校正工件，直到误差最大值为 ±0.03，即合格为上。

3. 分度头的计算和调整

工件齿数 $Z = 19$ 摇动手柄转数

$$N = 40/Z = 40/19 = 2\frac{2}{19} = 2\frac{6}{57},$$

即在 57 孔的分度盘，每次分度时，手柄转 2 圈再加 6 个孔距，铣削前应将分度头按一个方向摇动数圈，以控制分度头蜗轮蜗杆之间的间隙，每铣完一齿以后仍按此方向分度，决不能时而顺摇，时而反摇。

4. 铣刀的选择装夹和对中

先根据齿轮的模数和齿数，查表选择合适的铣刀，（选择 8 把 1 套的 3 号铣刀）然后把铣刀装夹在刀杆上，为了增加铣刀装夹的刚性，应使挂架和床身之间的距离尽可能近些。

铣刀的对中极为重要，否则会使铣出的齿形不对称，影响齿轮的正常啮合，常用对中心线有两种方法，划线法和切痕法，本次训练中采用划线来对中心，把划针盘的针尖调整到分度头的中心高度，在工件上划一条 AB 线，然后摇动分度手柄，使工件旋转 $180°$，第一次划出的线也随之转到另一侧，此时，移动划针盘，并保持其原有高度，在第一次划线的一侧齿坯外圆上，再划一条线，AB 线是否重合在一起，AB 线重合在一起，然后将工件再转 $90°$，使划的线朝向上方和铣刀相对，再仔细调整工作台，使铣刀对准 AB 线中间即可，铣浅印，看浅印是否 AB 线之中，如有偏斜，再调整横向工作台直至铣出的槽在 AB 线中间。

5. 调整切削深度

开动机床，使铣刀旋转，然后慢慢升高，使工件和铣刀靠近，然后纵向退出工件，按垂直进给刻度盘升高一个铣削深度。

$$全齿高\ h = 2.25 \times m = 5.625$$

为保证齿厚符合要求，可按小于全齿高的深度铣出几个齿，再根据这几个齿的齿厚，将铣削深度调整到需要的数值，以上各项完成以后，即可逐步将齿轮铣出。

6. 测量分度圆弦齿厚

（1）用齿厚游标卡尺测量

$$S = \pi m/2 = 3.926$$

（2）测量公法线长度

$$N = 0.111Z + 0.5 = 3$$
$$L = m\left[2.952(n - 0.5) + 0.014Z\right] = 19.116$$

6.5　铣工安全操作规程

① 各类铣床操作工除必须遵守机械加工通用安全操作规程外，还必须执行有关铣工安全操作规程；

② 铣床结构比较复杂，操作前必须熟悉铣床性能及调整方法；

③ 严禁戴手套操作机床；

④ 装夹工件、夹具、刀具必须牢固可靠，铣刀必须用拉杆等专用紧固装置装紧；

⑤ 装、卸工件，紧固、测量工件必须停车，装夹刀具时应切断机床电源，预防控制失灵，发生事故；

⑥ 应按螺帽规格选用合适的扳手开口，使用扳手用力时人体要有可靠的支撑点，防止滑倒；

⑦ 高速切削时必须装有防止飞溅的防护挡板，操作者应戴防护眼镜；

⑧ 严禁用手摸或用棉纱擦拭正在转动的刀具或正在加工的工件，严禁用手去刹住未停止的铣刀，清除切屑只准用毛刷，并保证手柄要有足够的安全长度；

⑨ 工作台各方向的自动进给运动、快速移动与自动进给等的互锁与限位机构应完好有效；

⑩ 操纵手柄快速进给、自动脱落机构或手柄自动脱离弹簧应完好有效；

⑪ 快速进给只能在退刀的情况下进行；

⑫ 铣床运转时不得调整速度（扳动手柄），如需调整铣削速度，应停车再调整；

⑬ 学生在工程训练中，注意铣刀转向及工作台运动方向，一般只准使用逆铣法，严格执行工艺要求，不得随意更改切削用量；

⑭ 削齿轮用分度头分齿时，必须等铣刀完全离开工件后才能转动分度头手柄；

⑮ 下班或中途停电时，必须将各种走刀手柄放在空挡位置并切断电源，每天下午下班前将机床清理干净，并定期对机床进行保养。

第 7 章　磨削加工

• •

7.1　实训目的与要求

1. 基本知识

① 了解磨削加工与其他切削加工的根本区别及加工对象和条件；

② 了解外圆磨床和平面磨床的基本结构和运动（砂轮）；

③ 了解液压传动的概念；

④ 能进行快速进、退和手动、慢速逐渐接触工件的操作，并了解该操作加工的过程及注意事项和作用（在空练时）；

⑤ 熟悉安全操作规程。

2. 基本技能

① 了解平面磨削和外圆磨削的加工过程，要求在加工零件被装夹好后；

② 了解限位、挡铁调整的注意事项和重要性及正确的调整方法。

7.2　实训内容与材料

1. 实训内容

磨削平面及外圆。

2. 实训材料

① 备 $\phi30 \sim \phi50 \times 300$ 光轴一根（两端打中心孔）或用拉棒；

② 备 $100 \times 100 \times 10$ 钢板若干；

③ 磨膏、红丹粉若干。

7.3　实训所用设备及工夹量具

1. 实训所用设备

M7132 平面磨床和 M1432B/1500 万能外圆磨床各一台。

2. 实训工夹量具

① 平衡砂轮用平衡架及工具 1 套；

② 金刚石修整器 1 台；

③ 百分表及支架 1 套（磁力）；

④ 测量工具（游标卡尺 $0 \sim 200$，外径千分尺，$0 \sim 25$，$25 \sim 50$，游标高度尺 $0 \sim 150$ 1 架）；

⑤ 磨顶尖 1 架；

⑥ 各种砂轮、形状及各种磨削的示教图或实物。

7.4　实训步骤及方法

◤ 7.4.1　外圆磨削

① 注重机床的操作顺序以讲解和演示并讲清操作过程中的要点及作用，在加工过程中和加工完后要停机时，讲清磨头（砂轮）所在位置；

② 讲解零件的装夹、找正方法，演示即将加工零件的装夹和找正或研磨修正中心孔；

③ 在加工过程中出现的问题及处理方法的讲解（最有演示）及提高零件精度和降低表面粗糙度 Ra 值的讲解；

④ 演示修磨砂轮的正确方法、要求及操作过程；

⑤ 讲解在外圆磨床上加工其他面（锥面、端面等）。

7.4.2　平面磨削操作过程

① 注重机床操作顺序的讲解和演示。讲清磁力工作台的原理及零件在磁力工作台（磁力吸重）的正确摆放；

② 要讲除用磁力工作台外的其他装夹方法（如平口钳、正弦钳等其他的装夹方法）和作用；

③ 讲解薄件加工的注意事项和防止和消除零件变形的方法，以及加工过程中出现问题的处理方法；

④ 提高平面磨床的工作精度和降低表面粗糙度值的途径。

7.5　磨工安全操作规程

① 各类磨工应重点预防由于砂轮安装、操作不良造成破碎或工件不良造成弹射伤人。除应遵守机械加工通用安全操作规程外，还必须执行有关磨工安全操作规程。

② 安装砂轮必须做到以下几点：

a. 根据砂轮使用说明书，选用与机床主轴转数相符，有出厂合格证和试验标志，外观检查无裂纹缺陷的砂轮；

b. 砂轮的法兰盘不得小于砂轮直径的三分之一或大于二分之一，法兰盘与砂轮之间垫好衬垫；

c. 砂轮孔径与主轴间的配合适当，紧固螺栓对应拧紧，受力均匀；

d. 直径大于或等于 200 mm 的砂轮装上砂轮卡盘后应进行静平衡调试合格才准使用；

e. 砂轮装完应装好防护罩，进行 5~10 min 试运转；

③ 磨工操作应遵守如下规定

a. 工作前应检查砂轮不得有松动、裂纹，防护罩、行程限位器应处于完好状态；

b. 装夹、固定工件的顶针、磁力吸盘等应完好，细长工件应用中心架，使用吸盘应吸工件大面，吸工件小面两侧应加垫块挤住，保证工件装夹稳固，防止工件磨削受力弹出；

c. 砂轮运转时正面不准站人，操作者应站在砂轮侧面；

  d. 测量、检查工件，清除切屑必须将砂轮移到安全位置，防止磨伤手；

  e. 用金刚石修砂轮时，要用固定架将金刚石衔住，不准用手修磨；

  f. 干磨应戴口罩，防护眼镜，打开洗尘装置；

  g. 操作磨床时，工件应装牢固，调节行程限位，缓缓进行试验，开车前应将磨头前端先放入工件内，以防磨头甩出伤人，操作者应注意防止夹伤手指；下午下班前将机床清理干净，并定期对机床进行保养。

第8章 数控车削加工

. . . .

.

8.1 数控车床面板的操作

数控车床的操作是数控加工技术的重要环节。数控车床的操作是通过操作面板和控制面板来完成的。不同类型的数控车床，由于其配置的数控系统不同，面板功能和布局也不同。因此，操作数控车床前，应仔细阅读操作说明书。本书主要介绍 FANUC Oi Mate – TB 系统和 SIEMENS 802C 系统的数控车床的操作方法。

8.1.1 FANUC Oi Mate – TB 系统的操作方法

1. 面板及功能

FANUC Oi Mate – TB 数控车床系统的操作设备主要包括 CRT/MDI 单元、MDI 键盘和操作键等。

（1）CRT/MDI 单元

图 8.1 为 FANUC Oi Mate – TB 系统的 CRT/MDI 单元框图。

（2）MDI 键的布局及其各键功能

图 8.2 为 FANUC Oi Mate – TB 系统的 MDI 键的布局，各键的名称和功能见表 8.1。

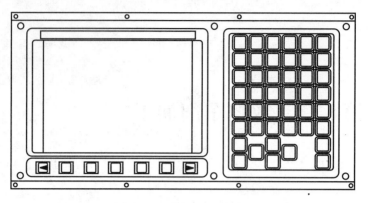

图 8.1 CRT/MDI 单元

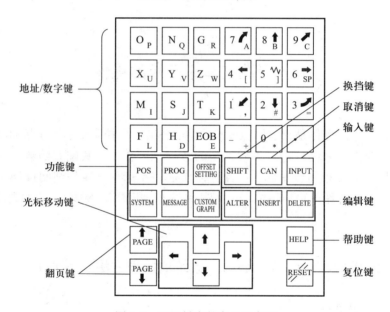

图 8.2 MDI 键盘的布局示意图

表 8.1 MDI 键盘功能说明

序号	名　称		功　能
1	复位键	RESET	按此键可使 CNC 复位,用于消除报警等
2	帮助键	HELP	按此键用来显示如何操作机床,如 MDI 键的操作,可在 CNC 发生报警时提供报警的详细信息(帮助功能)

续表

序号	名　称	功　能
3	地址和数字键　[N/Q] [4←/[]	按这些键可输入字母、数字以及其他字符
4	换挡键　[SHIFT]	在有些键的顶部有两个字符，按（SHIFT）键来选择字符。当一个特殊字符在屏幕上显示时，表示键面右下角的字符可以输入
5	输入键　[INPUT]	当按了地址键或数字键后，数据被输入到缓冲器，并在 CRT 显示器显示出来。为了把键入到输入缓冲器中的数据拷回到寄存器，按（IN-PUT）键
6	取消键　[CAN]	按此键可删除已输入缓冲器的最后一个字符或符号
7	程序编辑键　[ALTER] [INSERT] [DELETE]	[ALTER]：替换键 [INSERT]：插入键 [DELETE]：删除键
8	功能键　[POS] [PROG]	按这些键用于切换各种功能显示画面
9	光标移动键　[←][↑][↓][→]	这是四个不同方向的光标移动键： [→] 这个键用于将光标朝右或前进方向移动 [←] 这个键用于将光标朝左或倒退方向移动 [↓] 这个键用于将光标朝下或前进方向移动 [↑] 这个键用于将光标朝上或倒退方向移动
10	翻页键　[PAGE↑] [PAGE↓]	[PAGE↑] 这个键用于在屏幕上朝前翻一页 [PAGE↓] 这个键用于在屏幕上朝后翻一页
11	软键	根据其使用场合，软键有各种功能。软键功能显示在 CRT 屏幕的底部

（3）功能键和软键的作用

功能键用于选择屏幕的显示功能类型。按了功能键以后，一按软键（节选或称复选择软键），与已选功能相对应的屏幕（节）就被选好。图 8.3 为功能键和软键的画面。

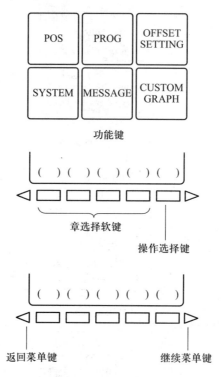

图 8.3　功能键和软键的画面

① 功能键共有 6 种类型，各功能键的用途如下。

［POS］键：按此键显示位置画面。

［PROG］键：按此键显示程序画面。

［OFFSET SETTING］键：按此键显示刀偏/设定（SETTING）画面。

［SYSTEM］键：按此键显示系统画面。

［MESSAGE］键：按此键显示信息画面。

［CUSTOM GRAPH］键：按此键显示用户宏画面或图形曲线画面。

② 软键。为了显示更详细的画面，在按了功能键之后紧接着按软键。各软键的含义参见图 8.4。

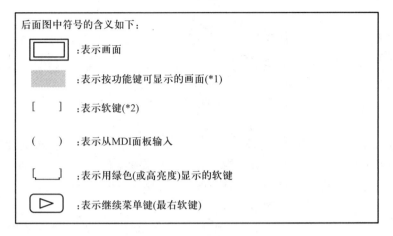

后面图中符号的含义如下：

▭ :表示画面

▨ :表示按功能键可显示的画面(*1)

[　　] :表示软键(*2)

(　　) :表示从MDI面板输入

[＿＿] :表示用绿色(或高亮度)显示的软键

▷ :表示继续菜单键(最右软键)

*1 按功能键进行画面间切换；*2 根据不同配置，有些软键不显示

图8.4　各软键的含义

2. 功能及其操作方法

（1）开机与关机

开机时先接通车床总电源，然后再接通 NC 电源；关机时先关闭 NC 电源，然后再关闭车床总电源。

（2）机床回零

方式选择旋钮箭头旋至“机床回零”，按［POS］键，再按［+X］、［+Z］键，刀具即回到零点。

（3）程序编辑

程序的编辑包括字的插入、修改、删除和替换，还包括整个程序的删除和自动插入顺序号，程序编辑的扩展功能可以复制、移动及其合并程序，可以对程序在编辑前进行程序号检索、顺序号检索、字检索以及地址检索等。

① 程序号检索：方式选择旋钮箭头旋至“程序编辑”，按［PROG］键，输入程序号，再按软键［O 检索］即可。

② 新程序号输入：方式选择旋钮箭头旋至“程序编辑”，按［PROG］键，输入程序号，再按［INSERT］键即可。

③ 程序号的删除：方式选择旋钮箭头旋至“程序编辑”，按［PROG］键，输入程序号，按［DELETE］键，再按软键［EXEC］即可。

（4）程序校验

方式选择旋钮箭头旋至“程序编辑”，按［PROG］键，将光标移至程序号，再将方式选择旋钮箭头旋至“自动循环”，按［CUSTOM GRAPH］键，然后依次按软键［参数］、［图形］、［操作］、［HEAD］及［EXEC］即可。

（5）MDI 输入与运行

方式选择旋钮箭头旋至"手动数据输入"，按［PROG］键，输入程序，再按［循环启动］键即执行该程序。

（6）选择程序段停止按钮

此按钮有两个工作状态，按一下此按钮，指示灯亮，表示"选择程序段停止"机能有效；再按一下此按钮，指示灯灭，表示"选择程序段停止"机能取消。指示灯亮时，经过 M01 的程序段后，自动循环停止。要使机床继续按规定的程序工作，必须按"循环启动"按钮。"选择程序段停止"机能取消时，程序中 M01 指令不执行，当执行含有 M01 指令的程序段时机床运动不停止。

（7）选择程序段跳读按钮

此按钮有两个状态，当按一下此按钮，指示灯亮，表示"选择程序段跳读"机能有效，再按一下此按钮，指示灯灭，表示取消"选择程序段跳读"机能。在"选择程序段跳读"机能有效时，运行程序中带有"/"标记的程序段不执行，也不能进入缓冲寄存器，程序执行到程序段的下一段。即无"/"标记的程序段。在"选择程序段跳读"机能无效时，程序中"/"标记也无效，因而程序中的所有程序段均被依次执行。

（8）空运转选择按钮

此按钮有两个工作状态，当按一下此按钮，指示灯亮，表示"空运转"机能有效，此时运行程序中全部 F 指令都无效，机床的进给按"进给速度倍率选择"按钮所选定的进给速度（mm/min）来执行。通常机床刀具的进给速度单位是 mm/r（即 G99 指令状态），置"空运转"后机床的进给速度变为mm/min（即 G98 指令状态），再按一下此按钮，指示灯灭，表示取消"空运转"机能。要特别注意"空运转"只是在自动循环状态下快速检测运行程序的一种方法，不能用于实际的工件切削中。

（9）机床锁住选择按钮

此按钮有两个工作状态，按一下此按钮，指示灯亮，表示"机床锁住"机能有效，此时机床刀架不能移动，也就是机床进给不能执行，但程序的执行和显示都正常。再按一下此按钮，"机床锁住"机能被取消。

▐ 8.1.2　SIEMENS 802C 系统的操作方法

1. 面板及功能

（1）操作面板

SINUMERIK 802C 的操作面板（图 8.5）各键含义如下。

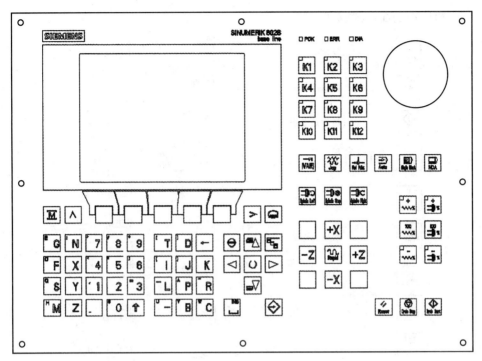

图 8.5　SINUMERIK 802C 系统操作面板

NC 键盘区（左侧）：

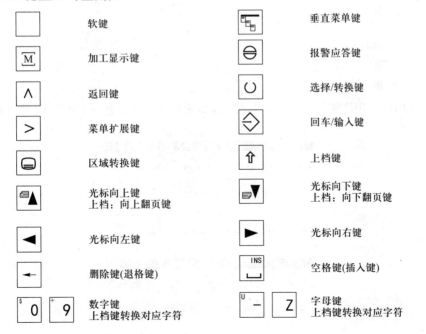

机床控制面板区域（右侧）：

Reset	复位键	Spindle Right ⊐▯C	主轴反转
Cycle Stop ▼	数据停止键	Spindle Stop ⊐▯	主轴停
Cycle Stop ◇	数控启动键	Rapid	快速运行叠加
K1 … K12	用户定义键，带 LED	+X −X	X 轴点动
□	用户定义键，不带 LED	+Z −Z	Z 轴点动
[VAR]	增量选择键	+	轴进给正，带 LED
Jog	点动键	100	轴进给 100% 不带 LED
Ref Point	回参考点键	−	轴进给负，带 LED
Auto	自动方式键	+	主轴进给正，带 LED
Single Block	单段运行键	100	主轴进给 100%，不带 LED
MDA	手动数据键	−	主轴进给负，带 LED
Spindle Left	主轴正转		

（2）屏幕划分

SINUMERIK 802C 系统的显示屏幕如图 8.6 所示，各区域的功能见表 8.2。

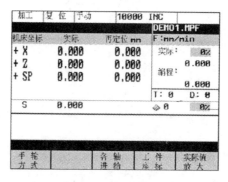

图 8.6　屏幕划分

表8.2 屏幕符号说明

图中元素	缩略符	含义
1. 当前操作区域	MA、PA、PR、DI、DG	加工、参数、程序、通信、诊断
2. 程序状态	STOP、RUN、RESET	程序停止、程序运行、程序复位.
3. 运行方式	JOG、MDA、AUTO	点动方式；手动输入、自动执行；自动方式
4. 状态显示	SKP DRY ROV SBL M1 PRT 1…1000INC 步进增量	程序段跳跃 空运行 快进修调。修调开关对于快速进给也生效 单段运行。只有处于程序复位状态时才可以选择 程序停止。运行到有 M01 指令的程序段时停止运行 程序测试（无指令给驱动） 步进增量：JOG 运行方式时显示所选择的步进增量
5. 操作信息	1～23	分别表示机床的各种状态
6. 程序名		正在编辑或运行的程序
7. 报警显示行		只有在 NC 或 PLC 报警时才显示报警信息，在此显示的是当前报警的报警号以及其删除条件
8. 工作窗口		工作窗口和 NC 显示
9. 返回键	 ∧	软键菜单中出现此键符时表明存在上一级菜单。按下返回键后，不存储数据直接返回到上一级菜单
10. 扩展键	 >	出现此符号时表明同级菜单中还有其他菜单功能，按下扩展键后，可选择这些功能
11. 软键		其功能显示在屏幕的最下边一行
12. 垂直菜单	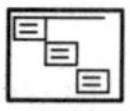	出现此符号时表明存在其他菜单功能，按下此键后这些菜单显示在屏幕上，并可用光标进行选择

（3）操作区域

控制器中的基本功能可以划分为加工、参数、程序、通信和诊断五个操作区域，如图 8.7 所示。

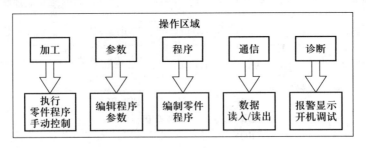

图 8.7　SINUMERIK 802C 操作区域

（4）软件功能简要介绍

SINUMERIK 802C 的软件功能如图 8.8 所示。

2. 功能及其操作方法

（1）开机与关机

开机时先接通车床总电源，然后再接通 NC 电源；关机时先关闭 NC 电源，然后再关闭车床总电源。

（2）回参考点

在 JOG 方式下，按"参考点"键，再按坐标轴方向键"＋X、－X、＋Z、－Z"点动使每个坐标轴逐一回参考点。如果选错了回参考点方向，则不会产生运动。

（3）程序的检索及编辑

在主菜单下，按软键"程序"，出现程序目录窗口，再用光标键检索并选择程序名，按软键"打开"，即可对程序进行编辑。

（4）新程序输入

在主菜单下，按软键"程序"，出现程序目录窗口，按扩展键，再按软键"新程序"，即可输入新主程序和子程序名称，在名称后输入文件类型，主程序扩展名＊MPF 可以自动输入，子程序扩展名＊SPF 必须与文件名一起输入。再按"回车"键确认输入，即生成新程序文件，此时可以对新程序进行输入及编辑。

（5）程序的删除

在主菜单下，按软键"程序"，出现程序目录窗口，再用光标键将光标移动到程序名上，按软键"删除"，即可删除所选择的程序。

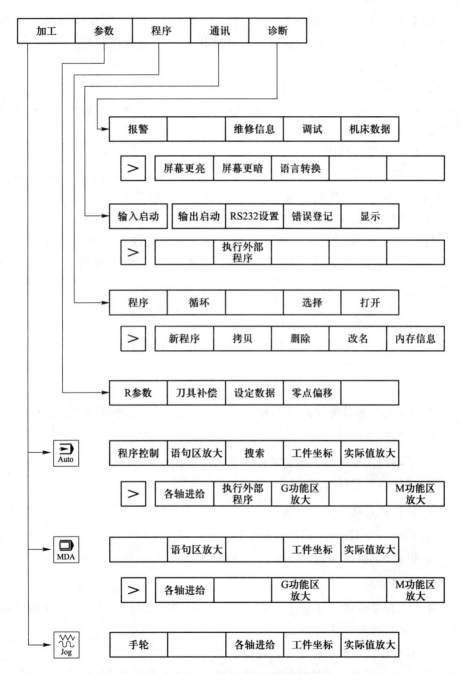

图 8.8　SINUMERIK 802C 软件功能

（6）接收计算机上的程序

在主菜单下，依次按软键"通信"、"输入启动"，再在计算机上发送程序文件即可。（机床接口参数应与计算机上的传输软件匹配）

（7）手轮操作

按"JOG"点动键，再按软键"手轮方式"，选择软键"X"或"Z"，按软键"确认"，再按"VAR"增量选择键并选择手轮倍率，然后转动手轮即可在 X 或 Z 方向上移动刀架。

（8）手动换刀操作

按"MDA"手动数据键，输入刀具号，按回车键，待屏幕上出现"段存储有效"信息后，再按数控启动键即可转动刀架实现换刀。

（9）MDA 运行方式（手动数据输入）

按"MDA"手动数据输入键，通过面板输入程序段，按回车键，待屏幕上出现"段存储有效"信息后，再按数控启动键即可执行输入的程序段。

8.2 数控车削零件的加工工艺

本书以轴类示范零件的加工为例，来阐述数控车削零件的加工工艺。

1. 目的要求

① 了解数控车床加工轴类零件的工艺过程和操作顺序；

② 了解轴类零件车削时加工顺序决定的原则。

2. 材料、刀具及工具的准备

① $\phi20\,mm \times 120\,mm$ 铝棒料若干根（每个学生 1 根）。

② 机夹 35° 外圆车刀，切槽刀，游标尺各一件。

3. 步骤及方法

本实习环节先由指导老师一边示范操作一边理论讲解，然后由学生独立操作加工，其步骤及方法大致如下：

① 分析零件图样，确定工艺路线，编写加工程序；

② 选择好夹具、刀具和量具，填写加工工艺卡（表 8.3）；

③ 通过操作面板或电脑传输输入程序，并对程序作图形校验；

④ 用试切法对刀，确定各刀具在 X 轴、Z 轴方向的刀具补偿值；

⑤ 确定快速移动倍率和进给速度倍率，关好防护门，按"循环启动"按钮自动加工。

4. 零件加工资料

① 有关加工数据推荐值：

主轴转速 $S = 300 \sim 500$ r/min ；进给速度 $F = 0.1 \sim 0.2$ mm/r （外圆加工）；

$F = 0.05 \sim 0.1$ mm/r （圆弧加工）；$F = 0.02 \sim 0.05$ mm/r （切断加工）；

切削深度 $t_1 = 1.5 \sim 2.5$ mm （粗加工）；切削深度 $t_2 = 0.2 \sim 0.5$ mm （精加工）。

② 刀具材料：硬质合金。

③ 零件图

见图 8.9。

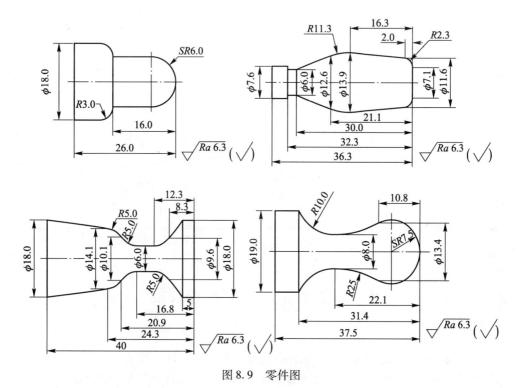

图 8.9　零件图

表8.3 数控车加工工序卡

单 位 名 称	南 昌 大 学	产品名称或代号		零 件 名 称		零 件 图 号		
		数控车削实训件						
工 序 号	程 序 编 号	夹 具 名 称		使 用 设 备		车 间		
工步号	工 步 内 容	刀具号	刀具规格 /mm	主轴转速 /(r/min)	进给速度 /(mm/min)	背吃刀量 /mm	备注	
(零件图)								
编制		审核		批准		年 月 日	共 页	第 页

8.3 数控车床安全操作规程

① 操作人员必须熟悉数控系统编程说明书和机床使用说明书等有关资料。

② 操作人员长头发者应戴好工作帽,防止在对刀时头发卷入机床。

③ 数控车床只允许单人操作。

④ 机床通电后，检查油压、开关、按钮、按键是否正常。

⑤ 各坐标轴手动回零（机械原点）。

⑥ 程序编写后，应仔细核对，并做好图形校验或程序模拟，发现问题应及时修改。

⑦ 未装工件前，空运行一次程序，看程序能否顺利运行，刀具和夹具是否安装合理。

⑧ 工件安装后，检查工件毛坯的长度与图纸零件长度的差值，判别刀具加工时离卡爪的最小距离。

⑨ 试切时快速进给倍率开关必须打到较低挡位。

⑩ 对刀时应仔细设置和核对刀具补偿值和刀补号。

⑪ 刀具磨损后应及时更换，更换刀具后应重新对刀。

⑫ 严禁工件转动时测量、触摸工件。

⑬ 启动自动加工按钮前，应将防护门关上，并检查进给速度倍率按钮、快速倍率按钮等是否处在合理位置。

⑭ 加工时若出现工件跳动、打抖、异常声响等情况，应立即停车处理。

⑮ 加工完毕，下班前应清扫机床。

第 9 章　数控铣削加工

9.1　数控铣削加工中心面板操作

▲ 9.1.1　KVC1050A 数控铣削加工中心简介

　　KVC1050A 加工中心是将数控铣床、数控镗床、数控钻床的功能组织在一起，并带有刀库和自动换刀装置的数控镗铣床。立式加工中心主轴轴线（Z 轴）是垂直的，Z 轴移动是靠机床主轴（动力头）上下移动来实现，而 X 轴和 Y 轴移动是靠工作台在水平面内左右移动和前后移动来完成的，依靠数控系统控制可实现 X、Y、Z 三轴联动，应用范围较广，适合于加工盖板类零件及各种模具。

▲ 9.1.2　KVC1050A （FANUC Oi—MB） 数控铣削加工中心面板

　　数控铣床配置的数控系统不同，其操作面板的形式也不相同，但其各种开关，按键的功能及操作方法大同小异。这里，我们以 KVC1050A（FANUC Oi—MB 系统）的数控铣削加工中心为例，介绍机床的具体操作过程。

　　KVC1050A（FANUC Oi—MB 系统）的数控铣削加工中心的操作面板结构由三部分组成，即 CRT 显示器，NC 键盘及机床操作面板。CRT 显示器用于显示各种对应的图文信息等情况。

　　NC 键盘为字母数字式，用于数字及字母的输入，如图 9.1 所示。

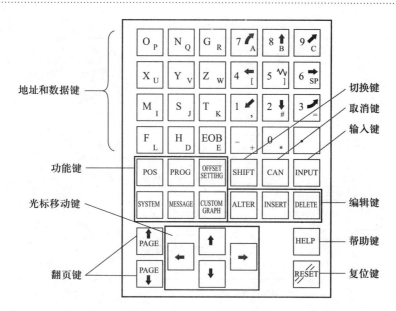

图 9.1　KVC1050A 机床键盘

主要按键功能与操作如表9.1。

表 9.1　KVC1050A 机床主要按键

编号	按 键 名 称	说　　　明
1	复位键 RESET	CNC 复位或取消报警等
2	帮助键 HELP	帮助功能
3	软键	软键功能显示在屏底部，画面不同，软键功能不一样
4	地址和数字键 N Q　4	输入字母、数字或其他符号
5	切换键 SHIFT	有些键具有两种功能，按下该键可切换到第二种功能
6	输入键 INPUT	将缓冲区数据输入到寄存器中

续表

编号	按　键　名　称	说　　　明
7	取消键 CAN	删除缓冲区最后一个字符
8	程序编辑键 ALTER INSERT DELETE	按下如下键进行程序编辑： ALTER：替换 INSERT：插入 DELETE：删除
9	功能键 POS PROG	按下这些功能键可在不同的功能间进行切换
10	光标移动键	有四种不同的光标移动键。 →：这个键用于将光标向右或者向前移动。光标以小的单位向前移动。 ←：这个键用于将光标向左或者往回移动。光标以小的单位往回移动。 ↓：这个键用于将光标向下或者向前移动。光标以大的单位向前移动。 ↑：这个键用于将光标向上或者往回移动。光标以大的单位往回移动。
11	翻页键	有两个翻页键： PAGE↓：该键用于将屏幕显示的页面向下翻页。 PAGE↑：该键用于将屏幕显示的页面往回翻页。

其他功能键介绍如下。

POS 按下这一键以显示位置屏幕。

PROG 按下这一键以显示程序屏幕。

OFFSET SETTING 按下这一键以显示偏置/设置(SETTING)屏幕。

SYSTEM 按下这一键以显示系统屏幕。

MESSAGE 按下这一键以显示信息屏幕。

GRAPH 按下这一键以显示图形显示屏幕。

机床操作面板用于操纵机床运作，其元件布置如图9.2所示。

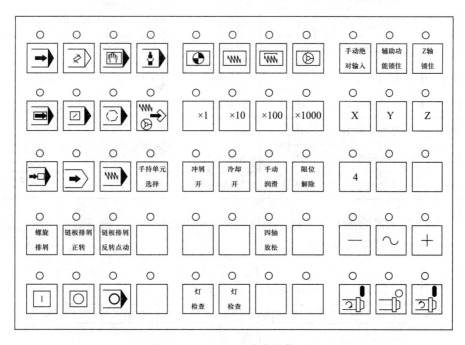

图 9.2 KVC1050A 机床操作面板

主要功能如表9.2所示。

表 9.2　KVC1050A 机床操作面板主要功能

位置	符号	功能简介	位置	符号	功能简介	位置	符号	功能简介
A1	→	自动运行方式	B7	×100	手轮倍率 0.1	D10	~	快速键
A2		编辑方式	B8	×1000	手轮倍率（禁用）	E1		循环起动
A3		手动数据输入	B9		面板轴选择	E2		进给保持
A4		DNC 运行方式	C1		程序再起动	E3		M00 程序停止
A5		手动回参考点	C2		机床锁住	E4		
A6		手动运行键	C3		程序试运行键	E5		灯检查
A7		手动增量运行	C4		手轮方式选择	E9		主轴正转
A8		手轮方式	C5		冷却开	E11		主轴反转
A9		手动绝对输入	C6		冲屑开	E10		主轴停止
A10		辅助功能锁住	C7		手动润滑	B10		面板轴选择
A11		Z 轴闭锁	C8		限位解除	B11		面板轴选择
B1	→	单段执行	D1		螺旋排屑	C9		面板轴选择
B2		跳选程序段	D2		链板排屑正转	D11	+	手动进给方向
B3		M01 选择停止	D3		链板排屑反转	E6		灯检查
B4		手轮示教方式	D4					
B5	×1	手轮倍率 0.001	D7		四轴放松			
B6	×10	手轮倍率 0.01	D9	—	手动进给方向			

　　CRT 显示器的正下方还有一排软键，也叫菜单扩展键，按下时分别对应显示更详尽的屏幕界面，如图 9.3 所示。

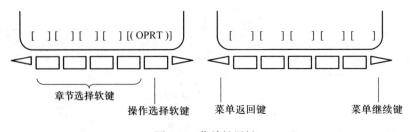

图 9.3　菜单扩展键

9.2 数控铣削加工中心实训操作

9.2.1 实训目的与要求

① 了解数控铣削加工的一般过程；

② 了解数控铣削加工设备、刀具的工作原理和结构；

③ 熟悉机械零件常见的数控铣削工艺加工方法；

④ 对一般零件具有进行工艺分析和选择加工方法的能力及编程能力，能独立完成一般零件加工；

⑤ 为专业课打下良好基础。

9.2.2 实训前准备

1. 设备、刀具及量具

① φ16 mm 立铣刀 1 把，φ16 mm 钻头 1 支；

② 0 ~ 125 游标卡尺 1 把；

③ 机用平口钳 1 台，压板、垫块若干；

④ 活动扳手 1 把，平口钳专用扳手 1 把，平锉刀 1 把，木榔头 1 把；

⑤ KVC1050 数控铣削加工中心 1 台。

2. 加工材料

100 mm ×99 mm × 20 mm 铝板 1 块

3. 技术资料

数控铣削加工编程与实训课件；

数控铣削加工实训指导书；

KVC1050A 数控铣削加工使用说明书；

加工零件图。

9.2.3 加工操作

1. 开机前检查

① 机床外围检查 机床外观查看是否良好，电路、油路、气路与水路是

否连接，水箱水位/润滑油油位是否在刻线 MAX 到 MIN 之间，气压是否在 0.2
~ 0.5 MPa；

② 确认材料、资料、工具、刃具等齐全；

③ 机床是否清洁，特别是工作台是否干净，运动件是否有阻碍、干涉等。

2. 上电，开机

① 打开电柜的电源开关。

② 打开机床电源开关，机床上电；检查机床电柜散热风口是否畅通及风
扇电机运转情况。

③ 按机床控制面板上的"ON"键，系统上电。

④ 出现"急停"报警后，旋开"急停"按钮。

⑤ 检查面板指示灯是否正常，查看机床防护罩顶部三色指示灯，机床防
护罩顶部三色指示灯亮。绿色灯亮表示机床处于正常状态；黄色灯亮表示有操
作信息，系统将显示相应的信息内容，可根据信息内容进行操作；红色灯亮表
示机床有报警信息，机床不能正常运行，须排除故障再运行。

⑥ 按控制面板上"message"键查看机床信息，按控制面板上"reset"键
消去。

3. 回零

加工之前必须使机床各控制轴回机床参考点，建立起机床坐标系。

确定机床各控制轴回机床参考点运动无干涉。

手动回参考点：在控制面板上将工作方式选择回参考点，先选择 Z 轴按下
正方向，再分别按下 X 轴、Y 轴正方向，机床各轴分别回零。

机床回零的顺序是：先回 Z 轴，再回 X 轴、Y 轴。

机床各轴回零的行程：一般要大于 50 mm，若不满足可使用手动方法先将
该轴运动到某一位置再回零。

机床各轴回零的速度：一般将机床速度倍率开关控制在 50%。

4. 手动进给

手动进给（JOG），也叫点动进给，当机床工作方式选择为手动方式，即
JOG 方式时，持续按下操作面板上的进给轴及其方向选择按钮，刀具沿着所选
轴的所选方向连续移动。释放开关，移动停止。JOG 进给速度可以通过倍率旋
钮进行调整。

操作前先确认所选轴在所选方向运动无干涉。并明确所选轴移动的正、负
方向。

① 选择要移动的轴（Z 轴、X 轴或是 Y 轴）；

② 调整倍率旋钮在所希望的位置；

③ 按压正或负方向按钮。

5. MDI 测试

MDI 运行方式适用于简单的测试操作，比如：执行主轴转动、执行换刀程序等。按下手动数据输入方式键，选择程序屏幕，编辑一个简单程序，按下循环启动按钮，程序自动运行。

MDI 方式中编制的程序一般不能被存储。编制的程序，行数最多只能为显示器一次所能显示的程序行数。

6. 装刀

KVC1050A 数控铣削加工中心采用的是 BT40 刀柄，先将刀具装入刀柄，再将刀柄装入机床。

松刀按钮位于机床主轴箱右侧，其上有一个白色按钮。按住此按钮，使拉刀机构处于松刀吹气状态，此时可装/卸刀具；松开按钮后，拉刀机构又处于紧刀状态。

装/卸刀具时须满足以下条件：操作方式为 JOG 方式；主轴处于停止状态；X、Y、Z 三轴均没有运动；无急停输入。

将刀柄装入机床：先在 MDI 方式下运行"T×× M06"，等机床完成该动作后，再在手动（JOG）方式下将该刀具装入机床即可。

7. 手轮

手轮，即手摇脉冲发生器。当机床工作方式选择为手轮方式时，刀具可以通过旋转手摇脉冲发生器进行微量移动。手轮进给时，要按下手持单元选择按钮来配合使用。

使用手轮时，进给轴选择开关选择要移动的轴，通过手轮进给放大倍数开关选择放大倍数。旋转手摇脉冲发生器一个刻度时，刀具移动的距离等于最小输入增量乘以放大倍数。手轮旋转 360 度，刀具移动的距离相当于 100 个刻度的对应值。

8. 超程解除

当某轴出现超出行程现象，要退出超程状态时，必须一直按压着超程解除开关，然后在手动方式下，使该轴向相反方向退出超程状态。并按下复位键，解除限位报警。

9. 安装工件

为便于工件安装，用手动方式或手轮尽量把 Z 轴抬高，但注意 Z 轴不能超程，而 X、Y 轴处于合适位置。

清理机床工作台面和平口钳底面，调整钳口与 X、Z 轴方向平行，用 T 型槽螺栓将平口钳固定在机床工作台面。

用平口钳扳手调节平口钳开口间距，用垫块调节工件高度，把工件装夹在平口钳上。特别要注意工件在平口钳上的装夹深度以保安全。

10. 输入程序

将数控加工程序输入数控系统。在 EDIT 程序编辑方式下，按下"PROG"键，输入地址键"O"，再输入程序号比如"1314"，分别按下"INSERT"键和"EOB"键，输入一段程序，再按下"EOB"和"INSERT"键，再输一段程序，再按"EOB"和"INSERT"键……直到程序输入结束。

也可使用传输软件将数控加工程序输入数控系统，程序输入结束将光标上移至程序头。

11. 程序的编辑

假如我们要编辑存储在 CNC 存储器中程序，在 EDIT 程序编辑方式下，按下"PROG"键，再按下软键［DIR］，显示一系列内存已有程序号，输入地址键"O"和所选程序号，按下光标下移键，即可对该程序进行编辑或运行。

在 EDIT 程序编辑方式下，按下"PROG"键，显示程序画面：

字的插入：将光标扫描到插入位置前的字，输入将要插入的地址字和数据，按下"INSERT"键即可。

字的替换：将光标扫描到将要替换的字，输入需要的地址字和数据，按下"ALTER"键即可。

字的删除：将光标扫描到将要删除的字，按下"DELETE"键即可。

存储在 CNC 存储器中的程序可以被删除。在 EDIT 程序编辑方式下，按下"PROG"键，输入地址"O"及要删除的程序号，按下"DELETE"键，则输入的程序号的程序被删除。

12. 对刀

这里所说的对刀是指设定工件坐标系，为了保证零件的加工精度，对刀点应尽可能选在零件的设计基准或工艺基准上。确定对刀点在机床坐标系中位置的操作称为对刀。对刀的准确程度将直接影响零件加工的位置精度，因此对刀操作一定要仔细认真。

在手动进给 JOG 方式下，并按下主轴正转，或是在 MDI 手动数据输入方式下，按下"PROG"键，输入 M、S 数值比如"M03S300"，分别按下"EOB"、"INSERT"、循环启动，再选择回到手动方式，按下 X 轴移动，至刀具与工件侧面接触。当刀具快接近工件侧面时，将手动倍率调小，记录刀具与工件侧面接触时的机床坐标，再用相对位移移到工件坐标系 X 的零点位置，此时的机床坐标数值即是工件坐标系 X 方向对刀数值，分别按下"OFFSETSET-TING"、软键"坐标系"，光标下移至（G54）X 轴坐标值处，输入"X0"，按下软键"测量"，Y、Z 轴与之类似。

刀补数据参照 G54 数据设定，即按下"OFFSETSETTING"、软键"刀具"，光标下移至某刀补号处直接输入该刀补数值。

对刀操作也可以用手轮来完成。其操作方法与手动进给方式操作方法基本一致。

13. 程序校验

编好程序后，要仔细校验程序的正确性，先人工校对，再利用专用计算机软件进行模拟加工或是在机床上空运行校验，程序正确方可运行。

14. 自动加工

机床工作方式选择自动加工方式，按下循环启动按钮，铣床进行自动加工。加工过程中要关闭机床安全门，注意观察切削情况，并随时调整进给速率，保证在最佳条件下切削。

自动加工执行前，须将光标移动到程序头，再按下操作面板上的循环启动按钮，程序运行。启动直至运行结束。

15. 其他手动控制

（1）主轴起停及速度选择

在手动方式下，按下主轴正转按钮，主电动机正转，主轴正转；按下主轴反转按钮，主轴反转；按下主轴停止按钮，主电机停止运转。

操作面板上有主轴转速修调开关，主轴正转及反转的速度可通过主轴转速修调开关进行调节。

（2）冷却液开/关

KVC1050A 机床冷却液开关是按一次冷却液开，再按一次为冷却液关，如此循环。

（3）紧急停止与复位

机床运行过程中，当出现紧急情况时，按下急停按钮，伺服进给及主轴运转立即停止工作，CNC 即进入急停状态；旋开急停按钮，CNC 进入复位状态。

9.2.4　关机

关机前先清理机床，并将机床工作台移在中间位置，然后关机。

① 按下控制面板上的"急停"按钮；

② 断开数控系统电源；

③ 断开机床电源；

④ 断开电柜电源。

9.3　数控铣削加工实训安全操作规程

① 指导老师及学生须遵守工程训练中心相关的规章制度。

② 检查、整理、清洁数控铣削加工实训现场

③ 检查数控机床油路、水路、气路、电路是否正常。特别是电压（220 V）、气压（0.2～0.4 MPa）是否正常，润滑油位及冷却水位是否合要求。检查刀库润滑油杯润滑油位是否合要求。检查电脑连接是否正常。

④ 检查数控铣削加工实训所用的工具、量具、刀具，夹具等是否齐备、良好。特别是刀具安装长度是否足够；刀具安装是否牢固；夹具在机床上是否安装牢固，工件在夹具上是否安装正确。

⑤ 按正确程序（见9.2节）开机，开机时及开机后不允许打开机床电柜，观察机床各部工作是否正常。

⑥ 在手动方式下移动 X、Y、Z 各轴在合适位置（见9.2节）并回零成功后方可进行其他操作。

⑦ 换刀要留出足够的换刀空间。有些刀具直径较大或尺寸较长，换刀时要注意避免发生撞刀事故。

⑧ 在正式使用机床前应对机床进行 MDI 测试，如主轴转动、手动换刀、自动换刀等。

⑨ 准确对刀并正确输入机床，对刀时不允许将身体（特别是头和手）探入机床防罩。手轮对刀后手轮要挂稳。

⑩ 正确应用各种工具、量具、刀具。

⑪ 所有程序应检查确认正确方能运行。

⑫ 自动运行或换刀时要关上机床防护门。运行过程中要注意观察机床运行状态，如有异常要及时停机。

⑬ 运行过程中或运行结束后，如需进行诸如测量等方面的操作，须确认安全方可打开机床防护门进行。

⑭ 正确关机（见9.2节）。

⑮ 检查、整理各种工具、量具、刀具。清洁数控铣削加工机床及实训现场。

第 10 章 电火花线切割加工

. . . .

10.1 电火花线切割机床的操作

① 闭合机床总电源开关，启动电脑，如图 10.1 所示。

图 10.1 电火花线切割机操作面板

② 根据图纸要求选择支撑点并夹紧工件。

③ 电脑上打开 YH 编程软件，进入图形编辑界面，如图 10.2 所示。以编辑箭头图形为例，选择左侧切入点和顺时针加工路径，并送控制台。

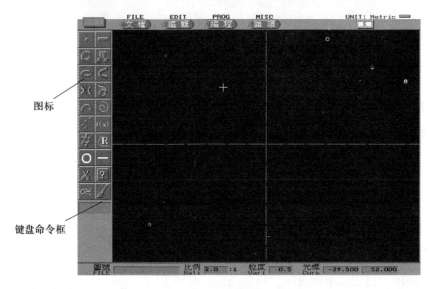

图 10.2 图形编辑界面

④ 进入控制界面，如图 10.3 所示，先模拟加工，检查程序的正确性和合理性。

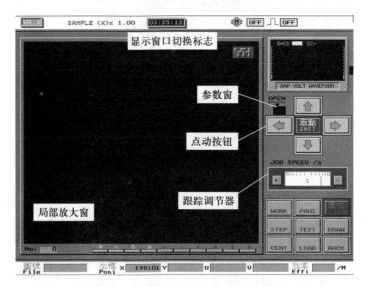

图 10.3 控制界面

⑤ 调整切割参数,如图 10.4 所示,选择合理的脉冲电源、脉宽、脉间。

图 10.4　脉冲电源操作面板

⑥ 检查准备工作是否处在正常状态,如冷却液、导电块磨损、机床润滑、换向开关、切割线垂直度、行程是否足够、导丝架与工件、夹具、支撑台是否干涉,Z 轴合适高度等。

⑦ 完成对刀,如有穿丝,需预先打穿丝孔,并对中操作,X、Y 轴刻度对零。

⑧ 先后分别启动丝筒和水泵,如图 10.5 所示。观察切割线和冷却液运行是否正常,调整上、下喷嘴冷却液流量,选择加工,避免切割线与工件短路。

图 10.5　水泵、丝筒操作面板

⑨ 切割完毕，暂时不松夹具，检查 X、Y 刻度是否回零，检测工件是否符合图纸要求，有需要修正或再调整加工。

⑩ 移除材料，工作台 X、Y 轴移中间位置，切割线移丝筒一侧，清理工作台。

⑪ 退出线切割软件，关闭电脑和机床总电源开关。

10.2　电火花线切割机零件的加工工艺

线切割的加工工艺主要是电加工参数和机械参数的合理选择。电加工参数包括脉冲宽度和频率、放电间隙、峰值电流等。机械参数包括进给速度和走丝速度等。应综合考虑各参数对加工的影响，合理地选择工艺参数，在保证工件加工质量的前提下，提高生产率，降低生产成本。

10.2.1　电加工参数的选择

正确选择脉冲电源加工参数，可以提高加工工艺指标和加工的稳定性。粗加工时，应选用较大的加工电流和大的脉冲能量，可获得较高的材料去除率（即加工生产率）。而精加工时，应选用较小的加工电流和小的单个脉冲能量，可获得加工工件较低的表面粗糙度。

加工电流就是指通过加工区的电流平均值，单个脉冲能量大小，主要由脉冲宽度、峰值电流、加工幅值电压决定。脉冲宽度是指脉冲放电时脉冲电流持续的时间，峰值电流指放电加工时脉冲电流峰值，加工幅值电压指放电加工时脉冲电压的峰值。

下列电加工参数的选择可供使用时参考：

① 精加工：脉冲宽度选择最小挡，电压幅值选择低挡，幅值电压为 75 V 左右，接通一到两个功率管，调节变频电位器，加工电流控制在 $0.8 \sim 1.2$ A，加工表面粗糙度 $Ra \leqslant 2.5$ μm。

② 最大材料去除率加工：脉冲宽度选择四~五挡，电压幅值选取"高"值，幅值电压为 100 V 左右，功率管全部接通，调节变频电位器，加工电流控制在 $4 \sim 4.5$ A，可获得 $100 \, \mathrm{mm^2/min}$ 左右的去除率（加工生产率）。（材料厚度在 $40 \sim 60$ mm 左右）。

③ 大厚度工件加工（>300 mm）：幅值电压打至"高"挡，脉冲宽度选

五～六挡，功率管开 4～5 个，加工电流控制在 2.5～3 A，材料去除率 >30 mm²/min。

④ 较大厚度工件加工（60～100 mm）：幅值电压打至高挡，脉冲宽度选取五挡，功率管开 4 个左右，加工电流调至 2.5～3 A，材料去除率 50～60 mm²/min。

⑤ 薄工件加工：幅值电压选低挡，脉冲宽度选第一或第二挡，功率管开 2～3 个，加工电流调至 1 A 左右。

10.2.2　机械参数的选择

对于普通的快走丝线切割机床，其走丝速度一般都是固定不变的。进给速度的调整主要是电极丝与工件之间的间隙调整。切割加工时进给速度和电蚀速度要协调好，不要欠跟踪或跟踪过紧。进给速度的调整主要靠调节变频进给量，在某一具体加工条件下，只存在一个相应的最佳进给量，此时钼丝的进给速度恰好等于工件实际可能的最大蚀除速度。欠跟踪时使加工经常处于开路状态，无形中降低了生产率，且电流不稳定，容易造成断丝；过紧跟踪时容易造成短路，也会降价材料去除率。

10.3　电火花线切割机床安全操作规程

① 在指导老师的允许下才能开动机床；
② 切割加工过程中手不能伸入加工区，不碰电极；
③ 加工过程中，动态调整电参数尽量选在丝筒换向状态进行；
④ 防止冷却液堵塞外溢，水泵空运行烧坏；
⑤ 异常情况按下紧急按钮，停止机床。

第 11 章　快速成形制造技术

. . . .

11.1　实训的内容

本章主要了解快速成形制造技术中的熔融挤压成形（MEM）工艺和快速成形机 MEM – 350 的使用，熟悉用快速成形软件对三维图 STL 模型进行分层处理，用快速成形设备进行实体成形，掌握先进快速成形制造技术，提高综合实验能力。

11.1.1　实训的目的

① 了解快速成形制造技术中的熔融挤压成形（MEM）工艺。

② 掌握 MEM – 350 快速成形机的正确使用，加深对快速成形制造技术的理解。

③ 熟练掌握 Aurora 分层软件和 Cark 控制软件的各项基本操作，并能正确地使用。

11.1.2　实训的设备与实训材料

① 所需设备：MEM – 350 快速成形设备、装有 Aurora 分层软件和 Cark 控制软件的计算机。

② 材料：ABS 丝、镊子、尖嘴钳、小平铲等。

11.2　MEM 熔融挤压成形工艺

◤ 11.2.1　MEM 的工艺原理

　　熔融挤压成形（melted extrusion manufacturing——MEM）工艺采用丝状热塑性成形材料，连续地送入喷头后在其中加热熔融并从喷嘴挤出，逐步堆积成形。MEM 工艺同其他快速成形工艺一样，也是采用在成形平台上一层层堆积材料的方法来成形零件，但它构成零件的每个层片是由材料丝的积聚形成的。成形过程中，成形材料加热熔融后在恒定压力作用下连续地挤出喷嘴，而喷嘴在扫描系统带动下能够进行二维扫描运动，当材料挤出和扫描运动同步进行时，由喷嘴挤出的材料丝堆积成形了材料路径，材料路径的受控积聚形成了零件的层片。堆积完一层后，成形平台下降一层片的厚度，再进行下一层的堆积，直至零件完成。如图 11.1 所示。

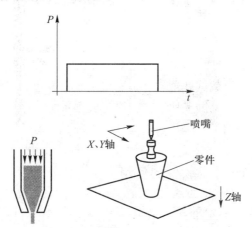

图 11.1　熔融挤压成形工作原理

◤ 11.2.2　MEM 的结构组成

　　① 系统主框架；
　　② XYZ 扫描运动系统；

③ 喷头及送丝机构；

④ 加热及温控系统；

⑤ 数控系统。

11.2.3　MEM 制造工艺中的层片组成

层片包括三个部分：轮廓部分、内部填充部分和支撑部分。

轮廓部分根据模型层片的边界获得，可以进行多次扫描。

内部填充部分是用单向扫描线填充原型内部非轮廓部分，根据相邻填充线是否有间距，可以分为标准填充和孔隙填充两种模式。标准填充应用于原型的表面，孔隙填充应用于原型内部。

支撑部分是在原型外部，对其进行固定和支撑的辅助结构。支撑尽量放在表面精度要求不高的面上，尽可能是简单的平面，这样便于去除，对于支撑面积较少的地方，能不用支撑就尽量不用。

11.3　MEM - 350 的具体操作

本系统包括两个软件：Aurora 分层软件和 Cark 控制软件。其中 Aurora 分层软件是专业快速成形数据处理软件，它接受 STL 模型，进行分层等处理后输出 CLI 格式标准文件，可供多种工艺的快速成形系统使用；Cark 控制软件用来控制机床进行模型的加工。

11.3.1　Aurora 分层软件的使用

从桌面和开始菜单中的快捷方式都可以启动本软件，点击 Aurora 图标即可。

1. 载入 STL 模型

选择菜单"文件 > 输入 > STL"，系统打开文件对话框，选择一个 STL 文件，可以载入一个 STL 模型，如图 11.2 所示。为了更方便观看 STL 模型的任何细节，通过鼠标 + 键盘的操作，用户可以随便观察模型的任何细节。

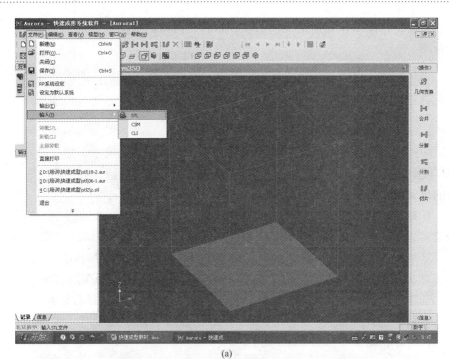

(a)

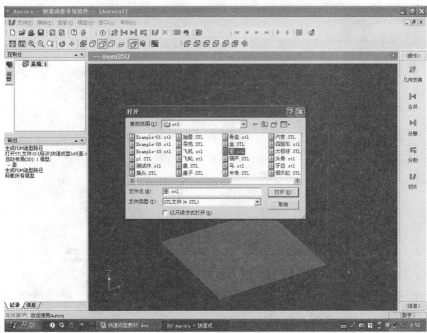

(b)

图 11.2　载入 STL 模型

旋转：在图形窗口按下鼠标中键，然后在窗口内移动鼠标，就可以实时旋转视图。

平移：按住 CTRL 键，然后在图形窗口按下鼠标中键，移动鼠标，就可以实时平移视图。

放大缩小：向前或向后旋转滚轮，即可放大或缩小视图。

2. STL 模型的检验和修复

快速成形工艺对 STL 文件的正确性和合理性有较高的要求，主要是要保证 STL 模型无裂缝、空洞、无悬面、重叠面和交叉面，以免造成分层后出现不封闭的环和歧义现象。

选择菜单"模型 > 校验和修复"功能可以自动修复模型的错误，启动该功能后，系统提示用户设顶校验点数，一般设为 5 就足够了，如图 11.3 所示。

3. STL 模型处理

对 STL 模型进行处理，包括缩放、平移、旋转、镜像、分解、合并等。

选择菜单"模型 > 几何变换"，弹出几何变换对话框，可以进行模型的缩放、平移、旋转和镜像，如图 11.4 所示。注意进行模型处理时不要超出工作台行程，并抬高至工作台 3 mm 处。

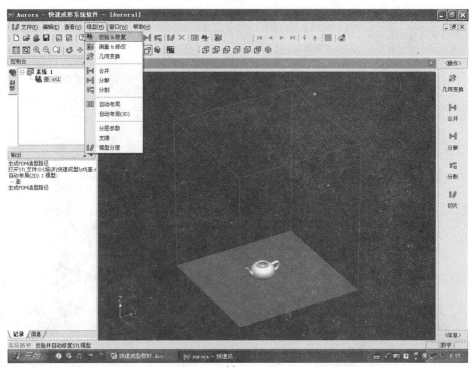

(a)

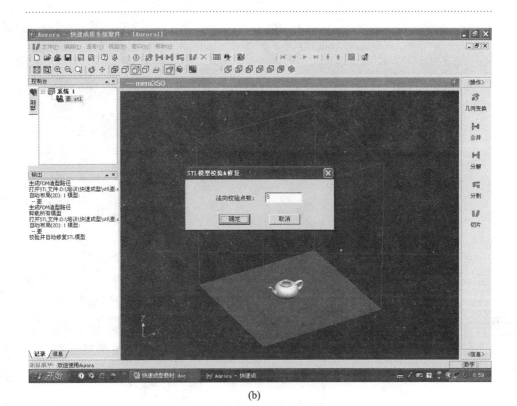

(b)

图 11.3 STL 模型的检验和修复

选择菜单"模型 > 合并",可以将多个 STL 模型合并为一个 STL 模型并保存。

选择菜单"模型 > 分解",可以将一个 STL 模型分解为若干个独立的 STL 模型。

4. 参数设置和分层处理

分层参数有三个部分:分别是分层、路径、支撑。其中有几个主要的参数分别为层厚、轮廓线宽、填充线宽、填充间隔、支撑间隔和扫描次数等。层厚就是指单层层片的厚度,轮廓线宽是指层片轮廓部分的扫描线宽度,填充线宽是指层片内部填充部分的线宽,填充间隔是指内部填充部分相邻填充线之间的间隔,支撑线宽是指层片支撑部分的线宽,支撑间隔是指支撑部分相邻填充线间的间隔,扫描次数是指层片轮廓的扫描次数。有关这些参数的设置可根据说明书中提供的标准或根据实践经验来进行设置。

选择菜单"模型 > 分层",首先提示用户设定分层参数,然后选择保存分层结果的 CLI 文件,之后系统开始计算各个层片进行分层处理,如图 11.5 所示。

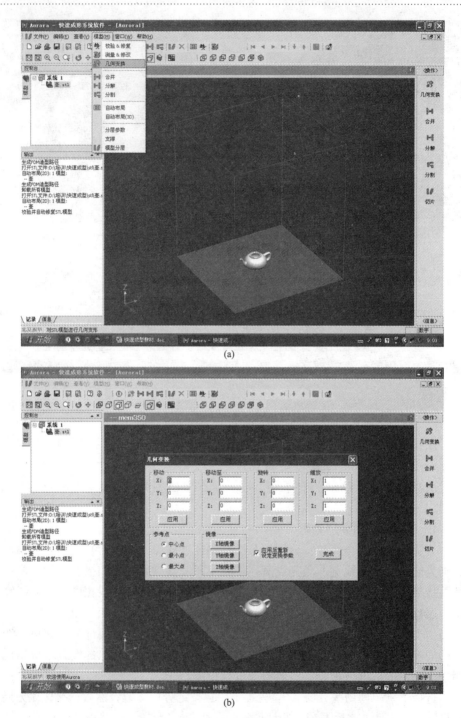

(a)

(b)

图 11.4   STL 模型处理

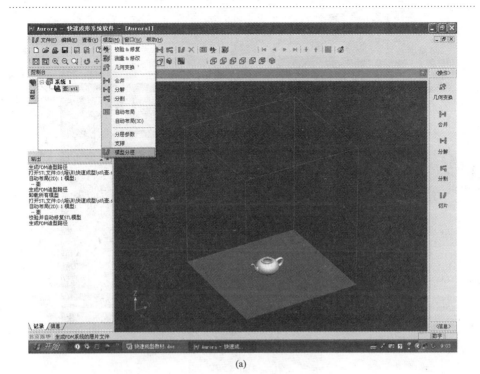

(a)

(b)

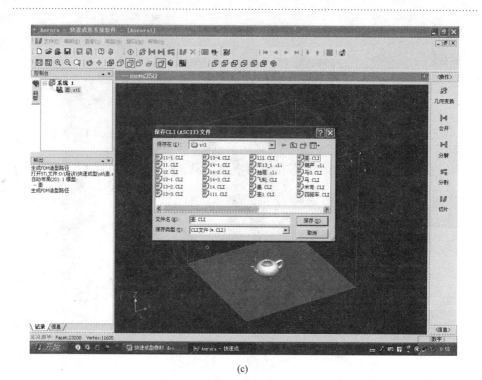

(c)

图 11.5   参数设置和分层处理

5. 卸载 STL 模型

选择菜单"文件 > 卸载 STL",即可把当前载入模型卸载,如图 11.6 所示。

6. 载入 CLI 模型

选择菜单"文件 > 输入 > CLI",系统打开文件对话框,选择一个 CLI 文件,可以载入一个 CLI 模型,如图 11.7 所示。

7. 模拟显示分层模型

与 STL 模型的显示类似,同样可以使用各显示命令结合鼠标操作进行放大、旋转等操作。CLI 可以整体进行三维显示,也可显示单层结构信息,点击工具栏图标 可互相转换显示方式。在单层显示方式下点击工具栏图标"↑"(由上至下)或"↓"(由下至上),图形窗口中自动逐层显示 CLI 模型。CLI 层片中的不同实体用不同颜色显示:红色和淡蓝色分别表示外轮廓和内轮廓,深蓝色表示填充,绿色表示支撑,如图 11.8 所示。

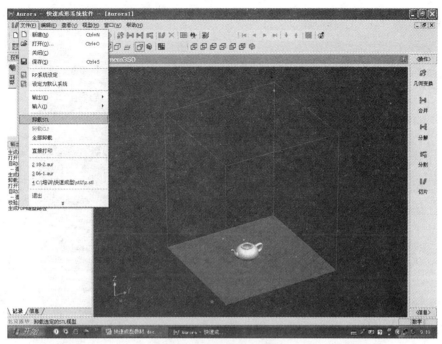

图 11.6　卸载 STL 模型

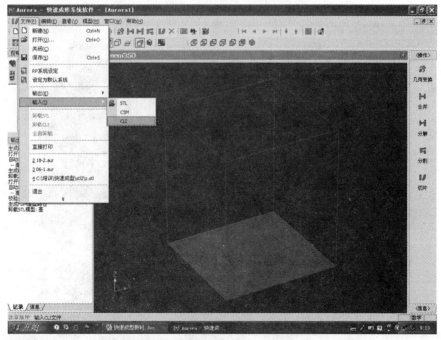

(a)

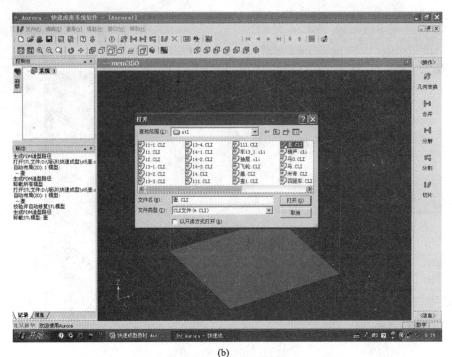

(b)

图 11.7 载入 CLI 模型

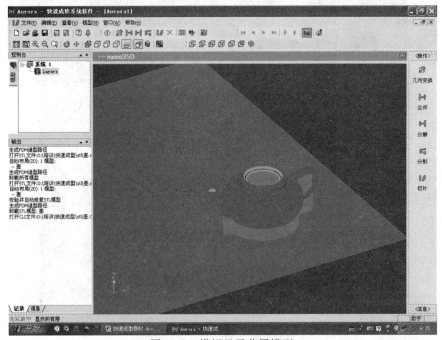

图 11.8 模拟显示分层模型

11.3.2 Cark 控制软件操作和成形机的操纵

打开专用计算机，接通总电源按钮，按下照明按钮，从计算机桌面或者开始菜单中的快捷方式都可以启动本软件，点击 Cark 图标即可。

1. 数控初始化、系统加温

单击"造型 > 系统初始化"后，系统将自动测试各电机的状态，X、Y 轴回原点，自动装载变量文件和运动控制文件等，同时系统自动进行加温，如图 11.9 所示。

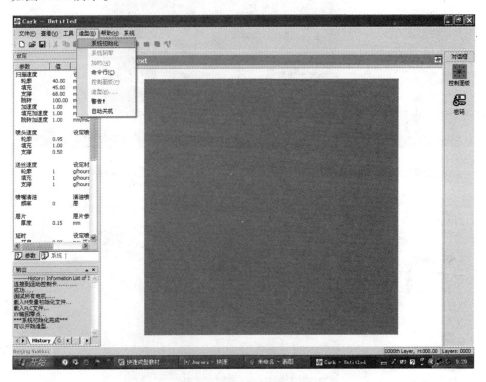

图 11.9 数控系统初始化

2. 载入 CLI 分层文件

选择菜单"文件 > 打开"，系统打开文件对话框，选择一个 CLI 文件，可以载入一个 CLI 模型，如图 11.10 所示。

选择菜单"造型 > 造型"，系统打开选择造型层对话框，可以设定造型的起始层和结束层，如图 11.11 所示。

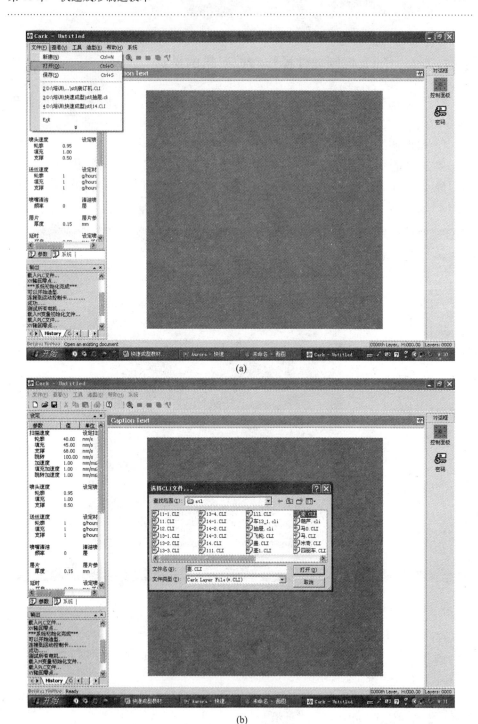

图 11.10 载入 CLI 分层文件

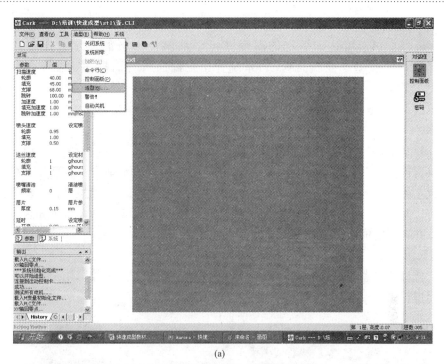

(a)

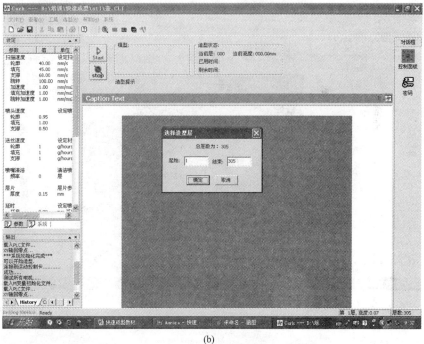

(b)

图 11.11 设定造型参数

3. 喷丝

确保材料温度达到指定的温度（可以从温控面板的显示数据获得），选择菜单"造型 > 控制面板"，系统弹出控制面板对话框后，在喷头区域按下"喷丝"按钮，观察喷头出丝的情况，并持续出丝一段时间，喷头正常出丝后，按下"停止"按钮，系统将关闭喷头停止送丝，如图11.12所示。

4. 对高

选择菜单"造型 > 控制面板"，系统弹出控制面板对话框后，使用工作台区域左侧箭头，上升工作台，使之上表面接近喷嘴，把上升速度降低，微调工作台，并用普通纸不断测量喷头和台面的距离，当纸可以插入喷头和台面之间，并有一定的阻力时高度比较合适，如图11.13所示。

5. 设定加工参数

选择菜单"系统 > 工艺参数"，此时可更改系统工艺参数，用户可以根据需要进行设置。

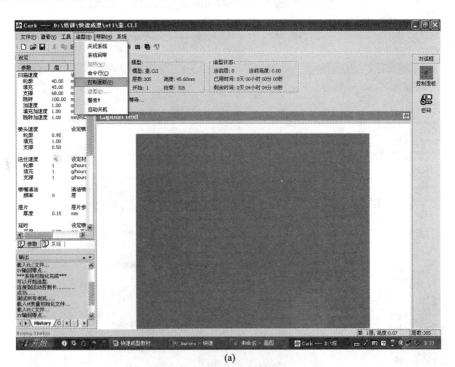

(a)

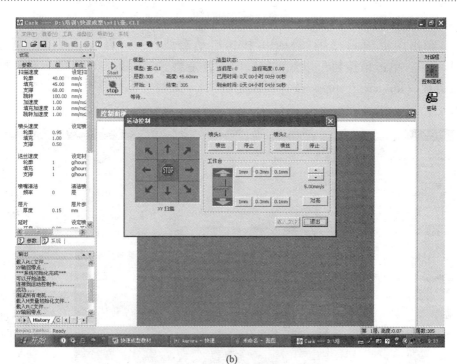

(b)

图 11.12　喷丝操作

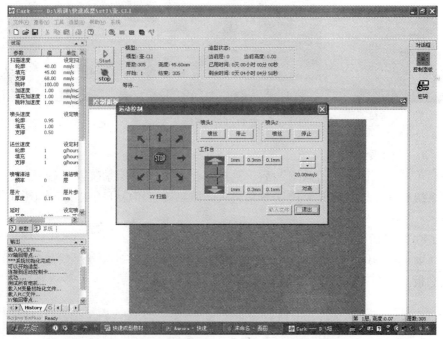

图 11.13　对高操作

6. 造型

单击图形窗口中的"Start"按钮启动造型过程。启动后该按钮变为"Pause"，单击该按钮可以让系统随时暂停造型，此时用户可以更换原材料或清理设备。按"Stop"按钮则停止造型，XY 轴电机回零点，如图 11.14 所示。

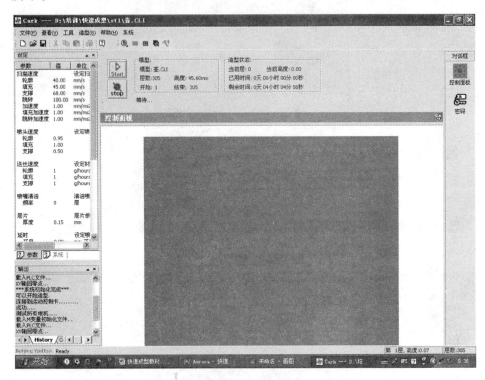

图 11.14   造型

7. 关闭系统

单击"造型 > 关闭系统"后，系统将自动关闭温控系统及数控系统。为使系统充分冷却，至少于 10 分钟后再关闭散热按钮和总开关按钮，如图 11.15 所示。

8. 模型后处理

加工完毕用小铲子小心取出原型，注意不要损坏零件，并尽量避免破坏粘接底板。小心去除支撑，避免破坏零件。

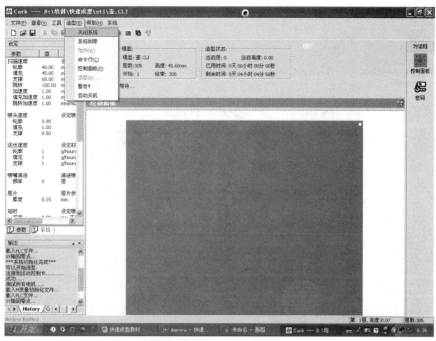

图 11.15 关闭系统

11.4 快速成形机的安全操作规程

造型时必须严格遵守安全操作规程，以保证操作人员和设备的安全。

① 经常清理成形室内部的废弃物。

② 如果发现运丝机构的齿轮处有成形材料粉末，用洗耳球清除。拆下后重新安装弹簧时，压力应适中，不能过大也不能过小。

③ 加工原型前，需要在喷头加热到指定温度后，用干净的纯棉布擦拭喷嘴，把喷嘴上的黑色变质的 ABS 材料擦拭干净。如果粘接底板凹凸不平，需要将底板修平。如果喷头的其他部分出现 ABS 漏出，只要定期用镊子夹出，并不妨碍加工。

④ 为防止丝杠和光杠生锈，尽量避免用手触摸丝杠和光杠，一旦触摸，应该尽快用机油涂抹该处。

⑤ 至少每工作两周将设备保养一次，检查丝杠、光杠、螺母等，并进行清理，加导轨油（黄油），清扫机器，清除电器柜内尘土。

第 12 章 三坐标测量

· ·

12.1 实训的内容

熟悉三坐标测量机测量原理及计算机采集测量数据和处理测量数据的过程，掌握用三坐标测量机对工件的尺寸测量及各项形位公差、误差进行综合评价，掌握先进测量工具和方法，提高综合实验能力。

12.1.1 实训的目的

① 了解三坐标测量机测量原理及计算机采集和处理数据的过程。
② 掌握三坐标测量的各项基本操作，并能正确地使用。
③ 加深对各种形位公差、误差等基本概念的理解。

12.1.2 实训的设备与实训材料

① 所需设备：global status 7107 三坐标测量机、装有 PC – DIMS 软件的计算机。
② 夹具：平口钳。
③ 材料：铝合金零件及相应零件图。

12.2　实训的步骤与方法

12.2.1　分析零件图确定测量方案

对照工件，分析图纸，明确以下要求：

① 检测基准即零件坐标系的位置。要根据图纸，明确工件的设计基准、工艺基准、检测基准等，根据三基准重合的原则，确定建立零件坐标系的方法和零件坐标系的位置。

② 要测量的特征元素。根据图纸，确定需要检测的项目，测量哪些特征元素，以及这些测量元素大致的检测顺序。

③ 需要检测项目的测量方式。根据图纸明确工件哪些尺寸直接检测，哪些通过间接测量构造获得，哪些通过几何元素之间的关系计算获得，以及各几何元素所需要输出的参数项目。

④ 零件的摆放位置和如何装夹。根据要测量的特征元素，确定工件合理的摆放方位，采用合适的夹具，并保证尽可能一次装夹，完成所有元素的测量，避免两次装夹。

⑤ 采用何种测头组件和角度进行检测。根据工具的摆放方位及检测元素，选择合适的测头组件，并确定需要的测头角度。

根据以上要求确定最终的测量方案。

12.2.2　测量过程

1. 开机步骤

① 开气　依次开启空压机、冷干机，去除压缩空气中水分，使气压稳定在 0.4 ~ 0.5 MPa。

② 机器上电　依次开启计算机、控制柜电源，加电后测量机自检，这时控制器灯全亮，当部分灯灭，自检结束。

③ 启动测量程序　双击桌面 PC - DIMS 软件图标，打开 PC - DIMS 软件。

④ 机器初始化　每次进入 PC - DIMS 界面后，软件会提示您"回家"，如图 12.1 所示。此时按下控制器"Math Start"键，点击如图 12.1 画面中"确定"后，测量机三轴（X，Y，Z）会依次回到机械的零点，完成通讯和坐标

初始化。

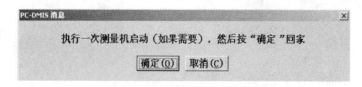

图 12.1　机器初始化

⑤ 建立测量文件　在测量开始前，要在软件中建立一个测量程序的文件。在 PC - DIMS 软件主菜单中选择"文件→新建"，这时会出现图 12.2 所示的界面。在图 12.2 所示的菜单中输入如：文件名（jiaoxue）、接口（CMM1）、选择测量单位（毫米）等实现文件新建。

图 12.2　新建测量文件

2. 测头组件的定义及校验

在对工件进行检测之前，需对所有使用的测头组件进行定义及校验，这是三坐标测量机进行测量时不可缺少的一个重要步骤。在 PC - DIMS 软件中，按照实际采用的测杆配置进行测头组件定义，并添加所要用到的测头角度。定义完之后用标准球对定义测头进行校验，得到正确的测头球径和测头角度。

（1）测头校验目的

在进行工件测量时，在程序中出现的数值是软件记录测杆红宝石球心的位置，但测量实际是红宝石球表面接触工件，这就需要对实际的接触点位置沿着测点矢量方向进行测头半径、位置进行补偿。通过检验可消除以下三个方面的误差：

① 理论测针半径与实际测针半径之间的误差。

② 理论测杆长度与实际测杆长度的误差。

③ 测头旋转角度之误差。

通过测头检验消除以上三个方面的误差，得到正确的补偿值。因此校验结果的准确度，直接影响工作的检测结果。

（2）测头组件的定义

① 定义测头文件　在新建程序文件中，点击"插入→硬件定义"，进入"测头"选项，如图 12.3 所示，在"测头文件"一栏方框中填入文件名完成测头文件定义。

② 测头系统配制　在如图 12.3 所示的"测头说明"下拉菜单中选当前测

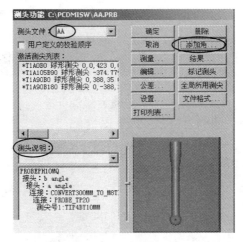

图 12.3　测头的配制

量机上所使用的测头系统按型号、规格自上而下顺序逐级选择相应的测座、测头、测杆和转接器（指测座和传感器）连结，完成测头的配制。

　　③ 添加测头角度　工件测量过程中使用的每一个角度都是由 A 角、B 角构成的，绕机器坐标系 X 轴旋转的角度为 A 角，范围为 $0 \sim 105°$；绕 Z 轴旋转的角定义为 B 角，范围 $0 \sim 360°$。B 角角度的正负判定，根据右手法则：拇指指向 Z 轴正方向，顺四指旋转角度为正，反之为负角。

　　在如图 12.3 所示的文本框中点击"添加角"，进入"添加新角"选项，如图 12.4 所示。添加测头角度是在"各个角的数据"文本框中键入测量时所需要的角度，例如 A90B180，点击"添加角"，此时右边的"新角列表"中就出现了 A90B180，重复刚才的步骤，键入所有所需角度后点击"确定"，完成测头所需要的角度添加。

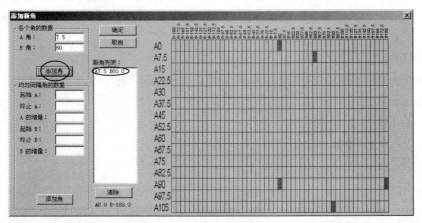

图 12.4　添加测头角度

（3）测头校验

点击"测头功能"对话框，选中"激活测件列表"中即有的角度，如图 12.5 所示。如这个角度前带"＊"号，这表示此角还未进行校验。我们要为它进行校验，配置校验参数，点击"测量"，此时，PC－DMIS 软件会提示您在标准球上的正上方采集一点。移动测头在标准球正上方采一点，按下控制器中的"DONE"键，机器自动开始测头校验。

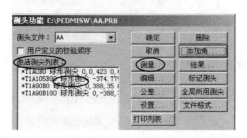

图 12.5   测头校验

（4）查看校验结果

当自动校验结束后，测头功能列表中所有校验过的角度前面的"＊"号都会去掉，你可以通过此法查看有无漏校角度。当点击"结果"按钮后，所有角度的校验结果出现了。你可以查看结果。若某角度校验结果超差，PC－DMIS 会自动弹出提示框，显示超差的角度，您需要重新检验。方法及步骤同上。

3. 建立零件坐标系

建立零件坐标系就是定义工件坐标系原点相对于机器坐标系原点的位置。在未建立零件坐标系前，所采集的每一个特征元素的坐标值都是在机器坐标系下的数值。为了便于观察，要通过一系列计算，将机器坐标系下的数值转化为相对于工件检测基准的数值，这个过程就是建立零件坐标系。

（1）建立零件坐标系的主要方法

PC－DMIS 对于零件坐标系的建立主要提供两种方法：3－2－1 法和迭代法。

① 3－2－1 法 主要应用于零件坐标系位于工件本身，并在机器的行程范围内能找到坐标原点，适用于比较规则的工件。

② 迭代法 主要应用于零件坐标系不在工件本身或无法直接通过基准元素建立坐标系的工件上，适用于钣金件、汽车和飞机配件等类型工件。

（2）建立零件坐标系的步骤（这里只介绍 3－2－1 法）

3－2－1 法 又称之为"面、线、点"法。工作原理："3"——不在同一直线上的三个点能确定一个平面，利用此平面的法线矢量确定 Z 坐标轴方向；"2"——两个点可确定一条直线，此直线可以围绕已确定的第一个轴向进行旋转，以此确定 X 轴向；"1"——定义三个相互垂直的坐标轴一个点，用于确立坐标系某一轴向的原点。

① 采集特征元素 把测头移至工件上，分别采取 3 点确定一个平面，2 点确定一条直线和 1 点确定坐标原点。按下控制器中的"DONE"键即完成采点。

② 新建坐标系 在工具菜单中选择"插入→坐标系→新建"。出现如图 12.6 所示的文本框。在"坐标系功能"菜单中选中"平面"，点击"找正"；选中"线"，点击"旋转"；先后选中"平面"、"线"、"点"，点击"原点"即可完成坐标系新建。

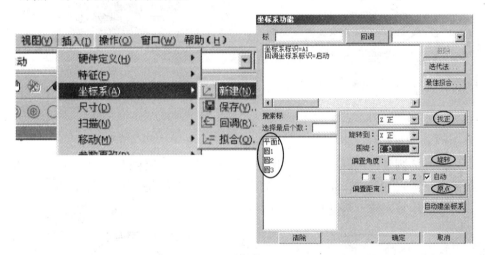

图 12.6　建立零件坐标系

（3）验证坐标系原点

将测头移动到工件坐标系原点附近，查看 PC – DMIS 界面右下角"X、Y、Z"三轴坐标值，若三轴坐标值近似为零，则证明原点正确。

4. 手动测量特征元素

用校验好的测头在零件上完成手动特征元素的测量。将测头接近欲测点附近，使测头与表面接触，应确认采点方向基本与工件表面垂直。在采完最后一个测点后，按"DONE"键结束即可完成采点工作。

点、直线、圆、圆柱、圆锥、球、圆槽等这些都称之为特征元素。不是所有的特征元素都可手动测量的，手动测量的特征元素类型：点、直线、平面、圆、圆柱、圆锥、球等。这些特征元素的最少测点数：直线为 2 点，平面为不在同一直线的 3 点，圆为不在同一直线的 3 点，圆柱为分两层的 6 个点，圆锥为分两层的 6 个点，球为 4 点（三点一层，一点一层）。

（1）测量平面

在工件上平面采三个测点。这三个测点尽量大范围的分布在所测平面上（如图 12.7a 所示）。在采第三个测点后按 "DONE" 键结束。

（2）测量圆

首先要选择合适的工作平面，将测头移动到圆的中心，再将测头降到孔中在弧长近似相等的圆周上采点。测圆的点最少为 3 点，尽可能把测量点分布开来（如图 12.7b 所示）。在采完最后一个测点，按 "DONE" 键结束。

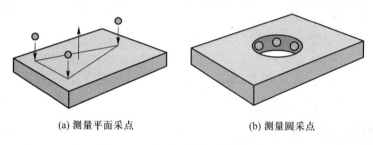

(a) 测量平面采点   (b) 测量圆采点

图 12.7   平面、圆测量采点的区别

（3）测量圆柱

圆柱的测量类似圆的测量，不过应该测两个圆。应注意测完第一个圆后再测第二个圆（如图 12.8a 所示）。测圆柱的最少点数是 6 点（每个圆 3 点）。当所有点采集完后，按 "DONE" 键结束。

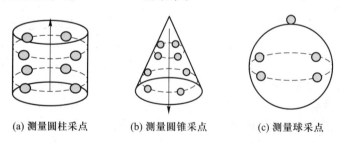

(a) 测量圆柱采点   (b) 测量圆锥采点   (c) 测量球采点

图 12.8   圆柱、圆锥、球测量采点的区别

（4）测量圆锥

测量圆锥类似测量圆柱（如图 12.8b 所示），由于各截面直径不同，PC – DMIS 会自动进行判断。为计算一个圆锥，PC – DMIS 要求测量至少 6 点（每个圆 3 点），请注意测同一圆时高度方向应变化不大。

（5）测量球

测量球类似于测量圆（如图 12.8c 所示），但需在顶部测一点，这样 PC – DMIS 会作球的计算而不是圆的计算。

5. 自动测量特征元素

建立零件坐标系后，首先须将运行模式切换为 DCC 模式，然后使用 PC – DMIS 中的自动测量功能进行测量。

要自动测量必须要有被测元素的理论值。例如：在功能块上自动测量一个圆心坐标：x = 68 mm、y = – 68 mm、z = 0，直径为 14 mm 的圆。步骤：

① 在 PC – DMIS 工具栏上点击"DCC"模式

② 点击"插入→特征→自动→圆"，打开自动测量圆对话框，如图 12.9 所示。在"位置中心"文本框中键入所要测量圆的理论圆心位置，在"属性"选项中键入理论直径及测量角度范围，在"测点"选项框中键入"测点数"、"深度"等参数，在"方位"选项中定义了"法线矢量"、"角矢量"。激活"测量"按钮，点击"创建"，三坐标将自动测量指定的圆，同时在编辑窗口中创建此圆的程序。

图 12.9　自动测量特征圆

6. 构造特征元素

所要评价的特征元素测量完毕，为了评价的需要，需产生一些工件本身不存在的特征元素，这种功能称之为构造。PC – DMIS 提供了非常强大的构造功能：点、直线、面、圆、曲线、特征组等。

例如构造两个圆的中分点，步骤：

① 在功能块上测量两个圆—"圆 1"、"圆 2"；

② 选"插入→特征→构造→点"，打开构造点模式对话框，如图 12.10 所示；

③ 在构造方案中选择"中点"；

④ 在元素列表中选择"圆 1""圆 2"；

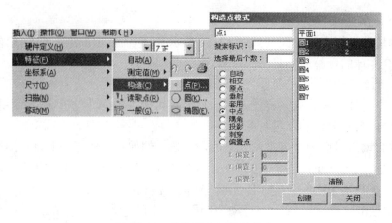

图 12.10 构造两个圆的中分点

⑤ 点击"创建",即可完成两个圆的中分点的构造。

7. 评价各尺寸形位公差

形位公差包括形状公差和位置公差。形状公差指的是单一实际要素形状所允许的变动量;位置公差是指关联实际要素的方向或位置对基准所允许的变动量。

PC – DMIS 提供了"尺寸"功能来实现形位公差的评价。路径:"插入→尺寸"选择你所要得到的形位公差。

如评价圆 1 的位置和直径值。步骤:

① 测量如图所示的圆 1;

② 在 PC – DMIS 中选"插入→尺寸→位置",打开位置公差评价对话框,如图 12.11 所示。选择所要评价元素的标号"圆 1",在"坐标轴"选项中选"X"、"Y"、"直径";

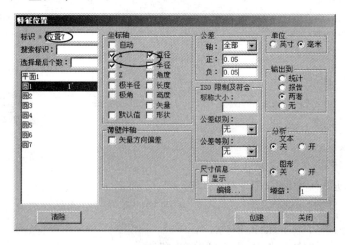

图 12.11 圆的位置和直径值公差评价

③ 在"公差"选项中输入每一项的公差；

④ 点击"创建"，即可完成圆 1 的位置和直径值的公差评价。

8. 打印输出报告

由于 PC - DMIS 是图形窗口和编辑窗口共同存在，所以最终产生的报告分为数据报告、图形报告两部分。可分别对两窗口进行编辑、打印，直接通过打印机输出，或存为电子文档（∗.PTF 等格式)。打印输出报告过程：

① 在工具栏中选"报告模式"，将编辑窗口切换到报告模式，你可以看到如图 12.12 所示的检测报告。

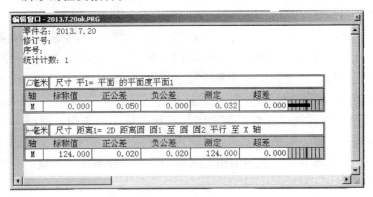

图 12.12　检测报告

② 在主菜单中选"文件→打印→编辑窗口设置"，弹出如图 12.13 所示打印选项对话框。在图 12.13 对话框中，勾选"打印机"，设置完成后按"确定"。

图 12.13　打印机设置

③ 在主菜单中选"文件→打印→编辑打印窗口",此时如图 12.12 所示的检测报告即被打印出来。

12.3 三坐标测量的安全操作规程

三坐标测量机为精密设备,测量时必须严格遵守安全操作规程,以保证操作人员和设备的安全。

① 油和水对测量机有严重的影响,会使导轨直线度改变,损坏测量机并使气管老化,管道中的水会腐蚀气浮块和平衡气缸,为此争取在水和油进入测量机之前过滤掉。因此,要注意开机顺序。依次开启空压机、冷干机,然后再接通电源。

② 压缩空气对测量机的正常工作起着非常重要的作用,所以对气路的维修和保养非常重要。每天使用测量机前检查管道和过滤器,放出过滤器内及空压机或储气罐的水和油,测量前用无水酒精擦拭干净测量机导轨,对测量机的导轨进行保护。

③ 测量机是计量检测仪器。温度是影响测量机精度的最大因素,当温度偏离太大时会对测量精度造成很大影响。它正常工作温度应该是 $20 \pm 2℃$。测量机的长度基准——光栅是按照 $20℃$ 修正的,测量机也是在这个温度下装配调试的。因此,要注意空调温度恒定在 $20℃$ 左右。

④ 湿度过大严重影响测量机的寿命。要保测量机房间干燥,改变管理方式防止"假期综合症"。

⑤ 三坐标测量机测量采点时,要注意控制器"Slow"键灯要亮,保证运行速度不要过快,并将手放在急停按钮上,一有运行轨迹错误,马上按下急停按钮。

⑥ 注意操作杆的旋转方向(Z 轴运动方向),顺时针为上,逆时针为下,防止发生撞坏测头或死机等意外事故。

参考文献

1. 张国雄. 三坐标测量机 [M]. 天津：天津大学出版社，1999.
2. 曹麟祥，汪慰军. 三坐标测量机的现状、发展与未来 [J]. 宇航计测技术，1996（02）：15 – 19.
3. Kunzmann H，Trapet E.，Waldele F. Concept for the Traceability of Measurements with Coordinate Measuring Machines [G] //7th International Precision Engineering Seminar. Kobe Japan：1993：40 – 52.
4. 梁荣茗. 三坐标测量机的设计、使用、维修与检定 [M]. 北京：中国计量出版社，2001.
5. 祝婷. 几何量精度测量技术实践 [M]. 南京：东南大学，2005.